最實用

圖解

經營學

流通業

洞悉流通業未來趨勢

第二版

戴國良 博士 著

書泉出版社 印行

作者序

• 流通業經營管理的重要性

「流通業經營學」是國內各大學及各技術學院「行銷與流通業管理系」大一的必修課。「流通經營管理」(Distribution Management) 在現代社會的演變下，已變得愈來愈重要。過去，企管系教的是企業的經營與管理，而現在教的是流通業的經營與管理，此課程更具有聚焦性與專業性，對學生的就業也大有幫助。基本上來說，流通業包括的行業非常廣泛，舉凡批發業、百貨零售業、倉儲業、物流業、連鎖零售業、加盟零售業、直營門市店及電子商務通路業……，均屬於流通業的範疇。

「流通業經營管理」此課程講的不只是流通業的經營管理，任何製造業或服務業都需要有倉儲物流的流通運輸機制。流通的機制與功能，其實也是任何企業營運上的一種必要功能；流通做不好，店裡面的商品就會缺貨，引起消費者的不滿意，而且流通成本可能會升高，對企業產生不利影響。

總之，「流通經營管理」如果具有效率與效能，則必然對任何企業產生競爭力與競爭優勢。國內「流通經營管理」做得最好的，應該算是統一超商7-11。7-11 全臺 5,900 家店，遍布各城市鄉鎮與外島，今天不管是在臺北、南投，或是屏東、花蓮的 7-11，店內商品總是非常齊全，這就是流通功能發揮的極致。目前，國內「流通經營管理」的教科書仍很少，且不夠普及，希望本書的出版，可以帶動此課程更大應用與普及。此書也可供目前是流通企業界廣泛上班族的參考工具書。

• 三大效應

本書具有以下幾點特色：

一、精華理論與本土案例兼具

本書精華理論部分係取材自流通業最先進國家（日本）的一些教科書與實務商業書，而案例部分則以本土案例為主，相信同學們都能易於吸收。

二、本書內容完整周延且用圖示法

本書內容計有 10 章，內容已涵蓋所有流通業的經營、管理、策略與行銷，應該稱得上內容完整周延。而且，本書完全以圖解方法表達，具有容易

瞭解與閱讀之效果。

三、本書重視實務導向

本書認為任何現代企管理論，其實都來自於先進企業的實務操作，而被歸納與整理成所謂的「理論」。在「流通經營管理」領域，亦是一樣，企業實務其實是走在學術純理論前面。因此，為了同學們未來順利的就業，應該不必強調太多的純理論教學，重要的是實務應用技能與觀念的養成及其靈活性。

• 感謝與感恩

本書得以完成，感謝五南圖書出版公司的鼎力支持，以及其他老師、同學的鼓勵。由於有廣大同學們的需求，因此，才有動機與動力完成此書。希望此書對授課的老師及同學都有所助益。

最後，祝福所有的老師及同學們，願您們都有一趟成功、滿足、健康、快樂與美麗的人生旅程。感謝您們、感恩大家，祝福每一個人。

戴 國 良

taikuo@mail.shu.edu.tw

目次

第 1 章
流通概念與 21 世紀的流通變革   001

第 2 章
流通機能與流通研究   021

第 3 章
批發商概述　　　　　　　　　　　　**047**

第 4 章
經銷商概述　　　　　　　　　　　　**057**

第 5 章
零售業的型態功能及主要業態   **087**

第 6 章
流通業之商流與行銷 4P 組合策略　　211

第 7 章
物流與資訊科技   **223**

第 8 章
統一超商先進的 POS 與物流系統   **243**

第 9 章
流通業未來趨勢 　　　　　　　　　　　　　　　　　　　　　**261**

第 10 章
物流與宅配公司個案介紹 　　　　　　　　　　　　　**275**

附錄 　　　　　　　　　　　　　　　　　　　　　　　　**287**

第 **1** 章
流通概念與21世紀的
流通變革

1-1 流通價值鏈的四種主體角色

在流通的價值鏈過程中，主要有四種角色，包括：1. 生產者角色 (Producer)；2. 流通業者角色 (Distributor)；3. 物流業者角色 (Logistic Center)；4. 消費者角色 (Consumer)。

一、生產者角色 (Producer)

傳統上就是指生產工廠的角色，他們能生產出實體的產品。例如：生產汽車、機車、自行車、液晶電視、電腦、隨身碟、MP3、DVD 機、電冰箱、洗衣機、服飾、手提包、鞋子、珠寶、鑽石、泡麵、巧克力、麵包、餅乾等各種食、衣、住、行、育、樂的實體產品出來。當然，也有服務性產品，例如：大飯店、信用卡、搭乘高鐵、看電影、上網、悠遊卡、搭捷運、租借影片、餐廳等。

二、流通業者角色 (Distributor)

主要係指如何將實體產品或服務性產品，從生產者手中，移轉並銷售給最終的消費者而言。唯有將產品銷售出去，才算是完成一個流通的循環，然後，生產者及流通業者，也才能從此種活動中，獲得他們的利潤與代價。如此，才能支撐任何一個產業或市場的流通運作。在流通業者角色中，又有不同流通層次的角色。

三、物流業者角色 (Logistic Center)

即是指將實體產品從工廠經由運輸設備，運送到流通業者手上，甚至於有些產品經由宅急便公司，運送到消費者家中。因此，有二種模式，如下圖所示：

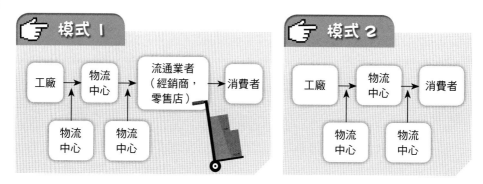

例如：博客來網路書店、PChome、Yahoo 奇摩及 momo 購物網等網站購買商品或電視購物商品等，均是由物流公司或宅急便公司配送到家。

四、消費者角色 (Consumer)

消費者是流通價值鏈的最後一個環節，消費者收到產品或購入產品後，即支付價金給流通業者或用刷信用卡等方式結帳，完成交易。

流通價值鏈的構成

流通價值鏈的四種主要角色

（一）生產者
・生產工廠

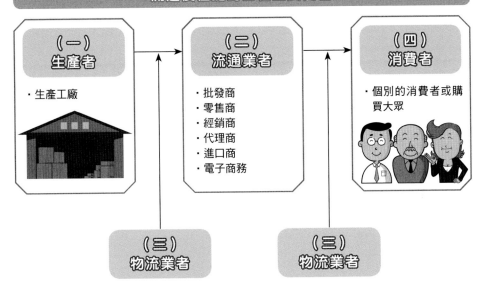

（二）流通業者
・批發商
・零售商
・經銷商
・代理商
・進口商
・電子商務

（四）消費者
・個別的消費者或購買大眾

（三）物流業者

（三）物流業者

流通價值鏈四種角色之功能

（一）生產者
・製造產品功能
・創新產品功能
・改善產品功能

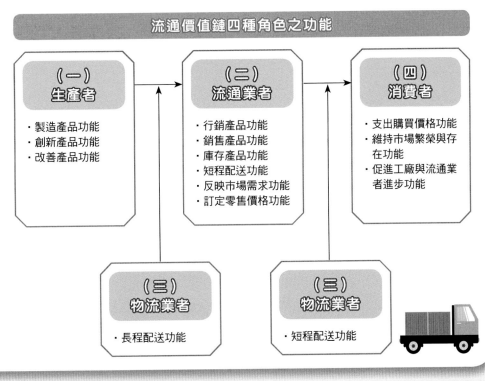

（二）流通業者
・行銷產品功能
・銷售產品功能
・庫存產品功能
・短程配送功能
・反映市場需求功能
・訂定零售價格功能

（四）消費者
・支出購買價格功能
・維持市場繁榮與存在功能
・促進工廠與流通業者進步功能

（三）物流業者
・長程配送功能

（三）物流業者
・短程配送功能

1-2 流通業的商品流與金流

一、流通二種客體（商品流與金流）

流通活動的過程中，除了前文所提四種主體角色之外，還有二種次要的客體，包括：

第一是商品，指商品的移轉（又稱商品流）。

第二是完成交易的財務金錢支出（又稱金流）。

(一) 在商品移轉部分，又可依製造業及服務業區分（商品流）

1. 製造業：生產出實體產品。

2. 服務業：提供服務性產品。服務性產品，例如：電影票、SPA 服務、上網搜尋、泡湯、買理財基金、買人壽保險、搭乘飛機、國外旅遊行程、辦信用卡、搭捷運、做頭髮、聽音樂會、到主題遊樂區玩等均屬之。

(二) 在完成交易的財務金錢支出上，可支付的方式（金流）

1. 支付現鈔結帳。

2. 刷信用卡結帳。

3. 匯款方式結帳。

4. ATM 轉帳方式結帳。

5. 行動支付。

6. 其他方式：例如：電子錢包（即手機信用卡）。

二、流通與行銷的差別

基本上來說，流通 (Distribution) 與行銷 (Marketing) 兩者並不完全相同，而是有所區別的。

(一) 流通

是從國民經濟與總體經濟的觀點來看待，亦是指產品從工廠到消費者手上的一種結構性流程與概念。

(二) 行銷

是從個別企業與個別經濟的觀點來看待，亦是指產品如何從廠商的推廣及促銷活動中，銷售給消費者的一種創意操作性概念。

三、小結

歸納來說，如下圖所示，流通的架構體系與範圍，似乎大過於行銷，行銷是被包含在流通之中的。

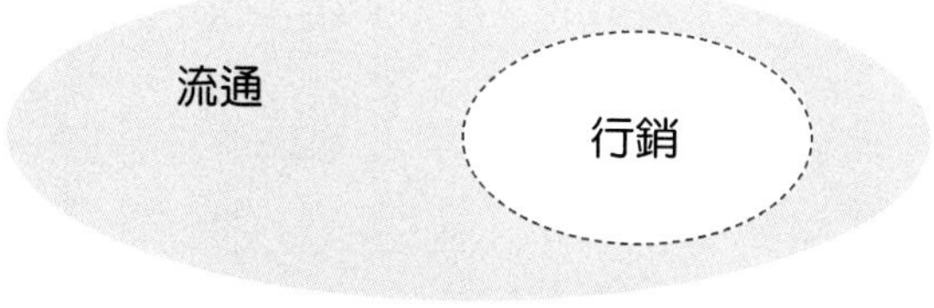

流通

行銷

流通的二大客體與運作

流通業商品流運送的方式

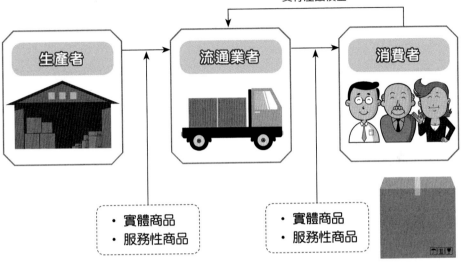

支付產品價金

生產者 → 流通業者 → 消費者

- 實體商品
- 服務性商品

- 實體商品
- 服務性商品

流通業金流支付的方式

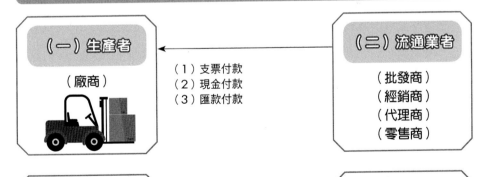

（一）生產者

（廠商）

（二）流通業者

（批發商）
（經銷商）
（代理商）
（零售商）

（1）支票付款
（2）現金付款
（3）匯款付款

（二）流通業者

（三）消費者

（顧客）

（1）現金付款
（2）信用卡支付
（3）貨到付款
（4）ATM轉帳
（5）手機刷卡（電子錢包）
（6）儲值卡支付
（7）匯款支付

1-3 流通的生成與發展

如果從最早的交易型態來看流通，其生成與發展大致可區分為四種階段：

一、自給自足的經濟與流通

這是在最早期的原始時代與農業時代，市場並未形成，也無流通機制與概念，包括農民、漁民或獵人，自行種菜、養豬、捕魚、狩獵、種稻米、種水果……，然後提供給自己與家人食用過活，如下圖所示。

二、交換、交易發生了——分散式交換

時代有些進步了，上述自給自足式的經濟，演進到相互交換與交易的時代。例如：農民將米與蔬菜和漁民的漁獲品，相互以物易物交換，如下圖所示。

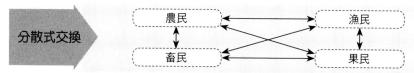

農民、漁民、果民、畜民等個別的生產者，除了自己使用外，多餘的也會拿出來與其他不同的生產者進行以物易物式交換。

此種「以物易物」的交換或交易方式，就是初期流通的發跡。因為，生產者將產品轉移給了消費者，此乃流通的原始定義。只是，在此階段並無貨幣交易。

三、市場出現

第三階段，即是有了不同產品的集散「市場」(Market) 出現了，有些人拿產品到此處展示銷售，有些人則支付貨幣買走產品。因此，早期有米市、菜市場、肉品市場、毛皮類市場等。後來，到 20 世紀之後，隨著工商業與都市化的快速發展，各種「市場」不斷出現，此亦代表著擔負市場功能的流通機制與流通結構，亦不斷地獲得成長及多元化發展，如下圖所示。

四、現代化商業發展（多元化市場）

到了近幾十年來，商業流通高度現代化與多元化發展，各種市場、流通業者、工廠、消費者、供應商等紛紛加入此市場，使市場與流通更加發達、便利、繁榮及豐富，如右圖所示。

流通的形成與演進

現代化商業與市場

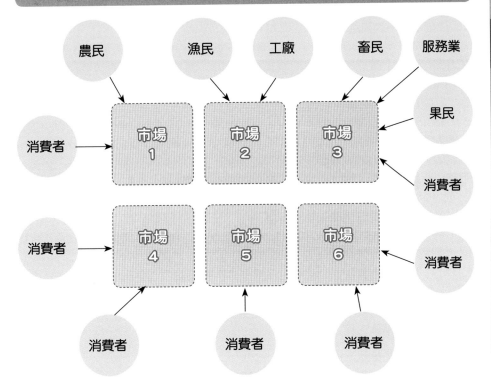

流通生成的四階段

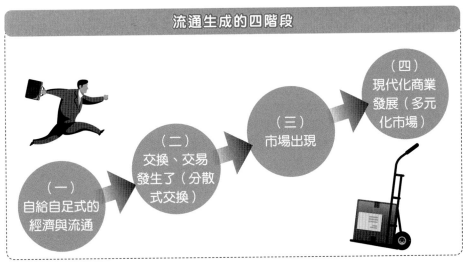

1-4 二次的流通革命

一、流通革命

一般來說，國外把流通革命區分為二次：

(一) 第一次流通革命

從 1950 年代末期開始，當時有超市 (Super Market) 業態導入及連鎖店 (Chain Store) 業態導入，這二種業態在當時，都算是新的零售流通發展，故被稱為第一次流通革命。

(二) 第二次流通革命

從 1970 年代開始，很多零售店面開始導入 POS 系統（Point of Sales；銷售時點資訊情報系統），並在 1990 年代開始，大規模全面普及。此種 POS 系統對店內銷售產品的好壞狀況，都可以在當天立即得知，此系統對訂貨、退貨、下架、產品開發或行銷方向等，都帶來有利的決策貢獻。此外，從 2000 年起（即 21 世紀起），網際網路的急速發展、無線數位行動手機及無線 IC 卡等也快速普及，此對零售流通業也帶來重大影響。

例如：在便利商店內，如今有 ATM 提款機、轉帳機；ibon 取票機；POS 結帳系統；icash 儲值卡；在咖啡店內提供無線上網功能；百貨公司 Happy Go 紅利集點折抵現金卡；家樂福好康卡；全聯福利中心福利卡、汽車經銷商的五年分期付款，以及網路購物公司的線上下單宅配到家、線上付款以及最新的手機信用卡付帳與行動支付、第三方支付等交易模式，都是 21 世紀第二次流通革命所產生的新操作工具與營運模式。

二、流通是企業營運流程中的一環

如右圖所示，流通其實是企業界營運循環 (Operation Cycle) 的一個環節。企業營運基本上有六大功能過程，包括：

(一) 產品或服務性產品的設計及開發。

(二) 零組件、原物料或半成品的採購。

(三) 產品的組裝、加工、製造及品管。

(四) 產品的運送、物流、倉儲及保管（即流通）。

(五) 產品的銷售與行銷活動。

(六) 產品的售後服務與技術服務。

這六大企業功能基本上是環環相扣，每一個環節都有它們專業的知識及產業技能。流通的知識與技能亦是如此。

流通革命與營運流程

二次的流通革命

（一）
1950年代
開始

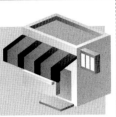
出現超市業態及連鎖店業態

（二）
1970年代
開始～
21世紀

- 便利商店業態出現
- POS 資訊系統開始導入
- ibon 取票機
- 網路購物
- 行動購物
- 電視購物
- 行動支付
- 第三方支付
- 電子禮券、電子紅利積點
- 紅利點數店內卡

企業營運流程

　　流通是企業營運流程中的一環，此營運流程亦可視為
SCM（企業供應鏈；Supply Chain Management）

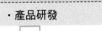
（一）設計與開發
・產品研發

（二）採購
・零組件
・原物料
・半成品

（三）生產
・製造
・組裝
・品管

（四）流通
・運送、物流
・倉儲、保管

（五）銷售
・出售
・收款

（六）
售後服務

1-5 21世紀流通變革的特徵與趨勢 Part I

18世紀可謂歐洲與美國的產業革命與工業革命，而21世紀則可謂全球共通的流通變革，此21世紀流通變革的幾項特徵如下：

（一）批發功能的弱化趨勢明顯：在五、六十年前，批發商擔負著產銷之間的極重要角色，因為當時工廠規模尚小，只能專心做生產製造的工作，而流通事項就交給批發商去做。

批發商擔負著運輸、保管、儲存、分裝、重組、資訊情報提供、商品所有權移轉、金融融通，以及銷售指導等諸多功能，但如今這些功能都已被替代或漸漸不需要了。這主要是因為：

1. 工廠的規模日益壯大、資金雄厚及介入流通事業。

2. 零售商的規模也日益壯大，包括加盟連鎖、直營連鎖、單店規模等，均與過去不可同日而語。這些大型零售公司均直接從工廠進貨。

3. 網路購物、型錄購物、電視購物及預購新型態店面專業模式崛起，此與傳統的店面型態不相同。

4. 宅配、宅急便及物流體系也有快速的進步，使得流通到家亦日益普及。

（二）網路購物及行動購物快速崛起：近幾年來，B2C及B2B2C網路購物及C2C網路與O2O團購網等快速崛起，每年產值在國內已達到6,000億元以上，未來仍可望持續成長。網路購物具備多品項、可比價、價格低、自由搜尋、24小時可下單、不必外出、自動送貨到家或到鄰近便利商店取貨等諸多優點，故能滿足顧客的需求，而成為一個新興的無店鋪事業模式。

（三）產業結構集中化，零售業者日益大型化且大者恆大：21世紀以來，在全球化、自由化、資本化的潮流下，產業結構日益集中化，而業者也透過併購或資金募集而日益大型化，形成大者恆大與贏者通吃的態勢。以國內為例，例如：

1. 便利商店：以統一超商及全家為領先群的前二大公司。

2. 量販店：以家樂福、COSTCO（好市多）、大潤發及愛買為前四大公司。

3. 百貨公司：以新光三越、遠東SOGO百貨及大遠百、微風百貨為前四大公司。

4. 超市：以全聯為最大公司。

5. 美妝店：以屈臣氏、康是美及寶雅為前三大公司。

6. 購物中心：以台北101、高雄義大世界、高雄夢時代、桃園大江、台茂、臺北大直美麗華等為主要公司。

7. 資訊3C賣場：以燦坤、全國電子及大同3C、順發3C為前四大公司。

（四）中小型商業者的競爭基盤逐步弱化：由於流通業者已日趨大型化，小型業者幾乎難以存活，只能存在於地區性或鄉鎮地區。因此，中小型商業或流通業者，如何提升競爭力以及轉型利基型市場或區域性市場，是思考的重點所在。

流通新趨勢與電商興起

21世紀流通變革的特徵與趨勢

1. 批發功能弱化的趨勢明顯

2. 網路購物及行動購物快速崛起，具備多品項、價格低及搜尋比價，滿足顧客需求

3. 產業結構集中化，零售業者日益大型化且大者恆大

4. 中小型商業者的競爭基盤逐步弱化

5. 流通市場競爭日益激烈，跨業競爭，進入微利時代

6. 無人化商店登場

7. 消費者動向影響流通系統

8. 24 小時、6 小時快速到貨興起

電子商務流通業快速崛起

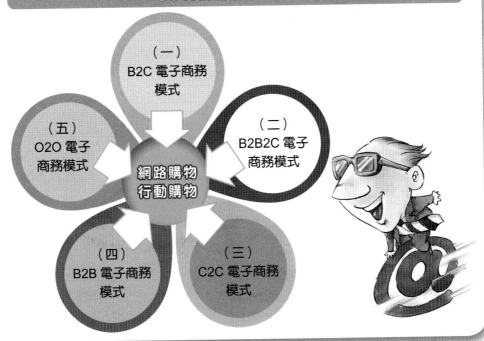

（五）流通市場競爭日益激烈，跨業競爭，互搶地盤，進入微利時代：由於網際網路的快速普及、企業日益大型化、消費者的選擇日益增多、跨業競爭日益增加、產業界線打破、法律限制完全放開、市場自由機制全面開放、新加入者不斷、行銷廣告投入與促銷活動投入已成常態，以及跨國公司在全球市場的進軍，導致每個行業及每個市場都呈現供過於求的現象。因此，國內外流通市場及流通產業可謂競爭相當激烈，正式進入微利時代。

（六）**無人化商店登場**：由於人工成本高昂，以及好地點的租金昂貴，故促使無人化商店的出現。這些無人化商店可能在辦公大樓內、工業廠房、社區巷道內等，它們以便利商店型態呈現，再配合無線 IC 結帳卡付帳，仍可望有一定的存活率。國內 OK 便利商店與經濟部已推出示範店。

（七）**消費者動向影響流通系統**：以消費者為起點及思考原點，仍是流通業者必須堅持之處。因此，21 世紀以來，消費者的需求、個性化、多樣化、價值觀、購買力、購物地點習性、科技性、價值認知、對零售點的改變、對低價的要求……，這些都在在影響著整個流通業的結構及業者的經營模式。

（八）**「24 小時及 6 小時快速到貨」興起**：近幾年來，由於網際網路的蓬勃發展，PChome（網路家庭公司）在 2007 年度率先推出「24 小時快速到貨」服務，已掀起一股風潮，大家都競相仿效。除了 PChome 外，博客來、蝦皮、燦坤 3C、momo、雅虎奇摩等也紛紛跟進。「24 小時快速到貨」，甚至是「今早訂貨、今晚到貨」的 12 小時及 6 小時快速模式，的確是一項成功的策略，它已證明具有下列效益：

1. 有助於提升顧客對公司快速將貨物送達的肯定與滿意度。
2. 有助於對此網站的信賴養成。
3. 有助於業績的提升與成長。
4. 有助於國內倉儲流通產業的進步與成長。

小博士的話

24 小時到貨的衝擊

為了推出 24 小時到貨服務，網路家庭決定自己做倉儲，開始涉足倉儲管理，將所有 24 小時到貨的商品，都存放在同一倉庫中，以方便出貨、進貨和庫存的作業。

要能 24 小時到貨，IT 扮演關鍵角色

網路購物從下單到出貨，整個流程中牽涉諸多環節，每個點都必須經過審查的關卡，關鍵在於「從人性惰性中著手，把不必要的浪費從系統中拿掉。」

流通業跨業競爭

電子商務快速到貨

PChome	momo
· 全臺 24 小時快速到貨 · 臺北市 6 小時快速到貨	· 臺北市 6 小時～ 12 小時快速到貨

流通業跨業競爭，進入微利時代

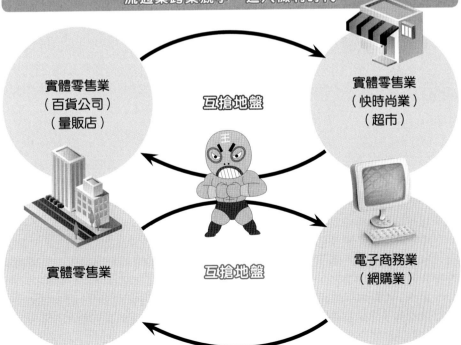

1-7 全球零售產業 快速變化與最新趨勢

　　從世界的零售現況觀察，業態的變化，已經跨越原來的界線，不再有明顯的一道高牆。且業態的創新速度加快，零售業的經營之輪也跟著愈滾愈快。

一、日本麥當勞生意，被便利商店搶走

　　日本麥當勞 2013 年的營收降了 10%、利益大幅下降了 50%，而且是連續二年下降，這個數字讓人感到相當驚訝，應該與便利商店有極密切的關係。

　　以百元咖啡為例，日本的 7-11、FamilyMart、LAWSON 門市都有銷售，且成績都相當不錯，消費者可以在便利店買到便宜的咖啡，不必到速食店；此外，日本吉野家的牛肉飯即使降價，也贏不了便利店的高價鮮食，這些訊息透露，價格已經不是消費者最重要的考量因素。

　　此乃一方面在於便利店的中央廚房技術進步太快，加上便利店的店數較速食店來得多；另外，人口結構走向少子、高齡化，吃的量也愈來愈少。這些都是導致便利店愈來愈興盛的原因。

二、便利商店與其他行業合併成複合店，創新零售模式

　　若仔細觀察，會發現速食店、便利商店、超市、藥妝，這幾個業態重疊的部分愈來愈高，界線門檻愈來愈低，異業聯盟成為趨勢。目前在日本就有泉屋超市 (Izumiya) 和全家合作，此外，藥妝品牌 (Higuchi) 也和全家合作，預計五年開 1,000 店；LAWSON 也聯合百元商店，在橫濱有 LAWSON MART，是一間有現代感的超市，店內銷售生鮮、蔬菜及肉品。

三、量販大型店小型化，便利店大型化

　　不僅日本打破業態界線，這股風潮也吹到美國市場，美國量販業過去都是大型店當道，但近年來也流行小型店，像是 Wal-Mart 也開起 Wal-Mart EXPRESS 小型店。美國的 1 元商店 Dollar General 則全為直營店，一萬個小型店，每間都在 100 至 200 坪左右，以前大都是賣日用品居多，現在則把生鮮也加進去。

　　2014 年的夏天，美國 TARGET 在明尼蘇達州開一個小型店；日本的大型店，像是 AEON（永旺）也要開 My Basket，以前是 800 坪，現在開一個 50 至 70 坪的店，兼賣熟食；7&I，其食品館伊藤洋華堂也計畫三年要開 500 個小型店；臺灣的家樂福也開出小型店。

四、零售之輪，愈滾愈快

　　依 1958 年美國學者麥克奈爾（McNair）提出的零售輪理論來看，是以三十年為一個年限，若不創新，極有可能會被零售輪的滾輪給滾掉了。但現在業態創新的汰換速度加快，這跟消費者的消費型態和族群有關係。

　　另外，行動通訊的元素，也讓業態的變化更加速，如果跟不上，就會被淘汰，零售輪的輪子愈轉愈快。（2014.3.27，工商時報，全家便利商店董事長潘進丁）

零售業態變化與競合新趨勢

全球零售業快速
變化與最新趨勢

① 便利商店大型
化，量販店小
型化

② 便利商店與其
他行業店合在
一起，成為複
合店

③ 日本麥當勞生
意被便利商店
搶走

④ 零售之輪愈滾
愈快

大店小型化，小店大型化

量販店
（大店）

小型化
（進入社區）
（消費者購買更便利）

便利商店
（小店）

大型化
（增加餐椅座位區）
（增加鮮食便當及蔬菜陳列空間）

　　根據知名的勤業眾信聯合會計師事務所所屬之德勤全球企管顧問公司 (Deloitte) 發布的「全球零售力量」年度報告,有五大零售趨勢,值得業者參考及因應。

　　(一) 旅遊零售:儘管全球地緣政治和經濟挑戰不斷加劇,國際旅遊業仍將持續出現超乎預期的繁榮景象。新興市場中崛起的中產階級前往各地旅遊,包含中國,帶動零售銷售,尤其是奢侈品。例如:法國 160 億歐元奢侈品市場中的一半以上依賴遊客。而臺灣國外觀光客人數逐年增加,如何掌握高消費旅客及提供臺灣特色商品,有待業者共同努力。

　　(二) 行動零售:行動零售有望繼續出現高速增長,2016 年全球將有 65% 的人口使用手機,據此推估 83% 的網路使用將是透過行動裝置完成。預計未來三年,全球透過行動裝置完成的電子商務交易將高達 6,380 億美元,約等同於一年前電子商務交易的總金額。

　　而穿戴裝置的新發展 (如 Google 眼鏡及 Apple Watch) 更加速這種趨勢,零售業需要正視並加以面對行動支付,如 Apple Pay 的興起,店家也需要改變傳統收款系統。

　　(三) 便捷零售:速度仍是零售業的一個重要趨勢。包括快速時尚、限時產品和限時搶購,以及減少等待時間的自助式結帳等。

　　2016 年,零售業的發展速度預計將更快,以不斷滿足消費者的需求。不少業者開始提供下單後 24 小時內送達,如何提升供應鏈與物流管理,更快速滿足消費者需求,亦是零售業者的重要關鍵。

　　(四) 體驗式零售:零售將不再侷限於銷售產品,更要提供消費者一種全新體驗。消費者期望逛街購物可以同時達到娛樂、教育、感官、約會、知識等多重饗宴,所以,零售商將持續探索創新方式,透過社群媒體宣傳、節慶活動、時裝秀和互動展示等,提供客戶全方位的體驗服務。

　　個人化的消費,未來將成為常態,如何針對個人消費者提供客製化訊息、互動交流是業者應積極努力的,零售業者須投資於大數據分析,透過瞭解個人消費模式,進而提高個人消費體驗,創造價值。

　　(五) 創新零售:新興技術和創新競爭不斷顛覆著零售行業,愈來愈多的零售商將會發展新業務,接受新技術並加以創新利用。

　　例如:美國一家零售商的未來概念商店,店內有懂得多國語言的機器人,協助掃描消費者帶來的舊零件,辨識並立即搜尋相關訊息,快速協助查找店內同樣的零件、透過物聯網應用,相信很快可以透過智慧家庭的冰箱,自動採購及運送家中所需物品。

　　零售業者面對未來必須更快擁抱科技、加速變革,才可以領先同業。

零售趨勢與行動購物崛起

全球零售五大趨勢

2.行動零售

1.旅遊零售

3.便捷零售

全球零售五大趨勢

5.創新零售

4.體驗式零售

行動零售占電子商務比例不斷拉高，將超越PC端網購

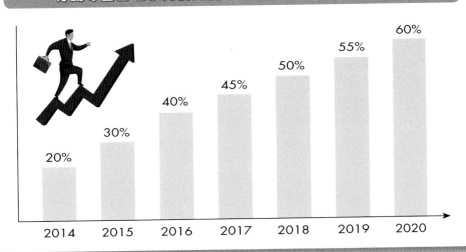

20%　30%　40%　45%　50%　55%　60%

2014　2015　2016　2017　2018　2019　2020

1-9 全通路（Omni-Channel）虛實整合

一、全通路意義

自 2015 年以來，全球零售業有一個非常明顯的全通路虛實整合最新趨勢。所謂全通路的意義，即是指實體零售業會走向虛擬零售業，而虛擬零售業也會走向實體零售業，虛實零售雙向會整合在一起呈現給消費者。

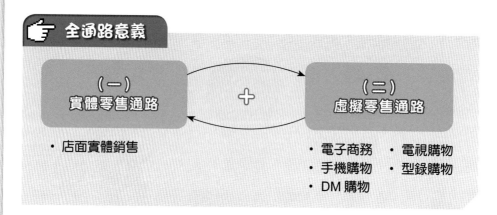

全通路意義

（一）實體零售通路	＋	（二）虛擬零售通路
・店面實體銷售		・電子商務　・電視購物 ・手機購物　・型錄購物 ・DM 購物

二、全通路零售案例

（一）實體通路走向虛擬通路零售

1. 7-11（5,900 家店）→ 7-net ／博客來（網路購物）
2. 遠東百貨、遠東 SOGO 百貨→ Go Happy ／ SOGO 電子商務網站（快樂購網站）
3. 家樂福、大潤發、愛買、COSTCO →網路購物
4. 屈臣氏→網路購物
5. 燦坤 3C →燦坤快 3 網路購物
6. 大買家→網路購物

（二）虛擬通路走向實體零售

1. 雄獅旅遊網站→雄獅實體店
2. OB 嚴選網站→ OB 嚴選店面
3. 86 小舖網站→ 86 小舖店面
4. 美國 Amazon →Amazon 店

（三）電視購物走向電子商務零售

1. 富邦 momo 電視購物→ momo 網路購物
2. 東森電視購物→東森網路購物
3. 美國 QVC 電視購物→ QVC 網路購物

虛實通路全模式整合

全通路(Omni-Channel)虛實整合趨勢

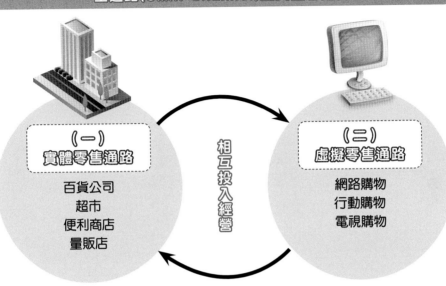

（一）
實體零售通路

百貨公司
超市
便利商店
量販店

相互投入經營

（二）
虛擬零售通路

網路購物
行動購物
電視購物

電子商務業者也走向全模式整合經營

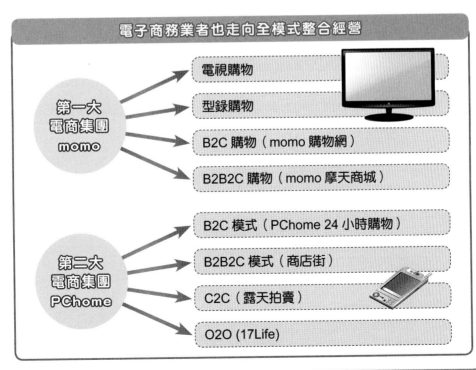

第一大
電商集團
momo

電視購物

型錄購物

B2C 購物（momo 購物網）

B2B2C 購物（momo 摩天商城）

第二大
電商集團
PChome

B2C 模式（PChome 24 小時購物）

B2B2C 模式（商店街）

C2C（露天拍賣）

O2O (17Life)

Date _____/_____/_____

第 2 章
流通機能與流通研究

2-1 生產者與消費者的五種隔閡

　　事實上，生產者與消費者，兩者間是存在一些隔閡的，因此，就需要流通業者來做中間的橋梁，使這些隔閡能夠打開或接合，這也發揮了流通的機能。

　　生產者與消費者雙方間，大致可以歸納出五種隔閡，包括：

一、人的隔閡
　　生產者與消費者的工作性質及人格特質不同，因此有所隔閡。

二、場所的隔閡（空間的分離）
　　生產工廠所在地與消費者居住消費所在地大不相同，此乃空間地理上的差距。

三、時間的隔閡（時間的分離）
　　生產工廠的時間性與消費者購買需求的時間性顯然是不同的，此乃時間的分離。

四、情報的隔閡
　　生產者所需的情報與消費者所知的情報，兩者也不相同，而且程度也不一。

五、數量的隔閡
　　生產者是大量生產，提供全國性或地區性消費者購買，但是每個消費者都只購買自己所需的少量商品使用，故兩者在數量上也有不同。

　　右圖所示為生產者與消費者之間五種隔閡與不同。

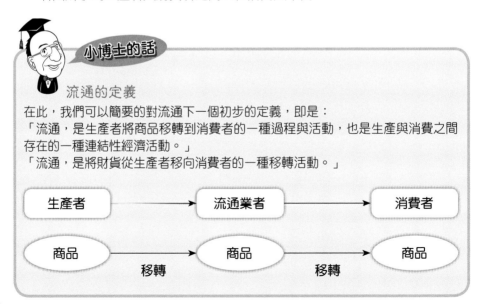

小博士的話

流通的定義
在此，我們可以簡要的對流通下一個初步的定義，即是：
「流通，是生產者將商品移轉到消費者的一種過程與活動，也是生產與消費之間存在的一種連結性經濟活動。」
「流通，是將財貨從生產者移向消費者的一種移轉活動。」

生產者	→	流通業者	→	消費者
商品	→（移轉）	商品	→（移轉）	商品

流通機能與生產消費間隔閡

生產者與消費者的五種隔閡

生產者與消費者的五種隔閡

- 人的隔閡
- 場所（空間）的隔閡
- 時間的隔閡
- 情報的隔閡
- 數量的隔閡

因此，需要流通業者掃除隔閡

023

流通的四大基本機能

流通　→　消費者

流通的機能

① 解決時間的落差：保管、保存、貯藏

② 解決空間的落差：運送

③ 解決所有權的落差：銷售出去

④ 解決情報的落差：廣告、宣傳的推廣

2-2 流通機能的四種類型化

流通機能 (Distribution Function) 基本上可以區分為四種類型化，簡述如下：

一、商品的流通機能（商品流）

流通的第一種機能即是可以促進商品所有權買進賣出的移轉及流動。商品所有權原本在工廠手上，但透過層層流通通路而到達顧客手上。如果沒有流通業者居間買進與賣出移轉，那麼消費者就必須向工廠個別買貨，如此變得非常沒有效率，而且不太可能。因此，流通機能首要者，即完成了商品在工廠→流通業者→消費者三者之間的買進與賣出，以完成各層級的交易活動，此即「商品流」。

二、物的流通機能（物流）

流通的第二種機能即是指「物流」，亦即指將商品透過運輸及配送，送到顧客指定的地方。這個地方可能是零售據點，也可能是消費者住處。

廣義的「物流」，還包括了：進貨、倉儲、保管、庫存、組合、包裝、出貨等工作。通常物流的據點不太可能設在大都會區內，因為租金成本太高，據點通常設在大都市的郊區或偏遠的鄉鎮地區，比較能有大坪數的空間作物流倉儲據點。

三、資訊情報流通機能（資訊情報流）

有關流通經營過程中所產生的生產者情報、商品情報、銷售情報、店內庫存情報、訂貨情報、出貨情報、結帳情報、購買者動向及消費者需求情報等，均須透過完整周密的 IT 資訊科技與網際網路連線工具及設備，以及所賣出產品銷售數量及金額的報表等，作為判斷與決策的根據，此即「資訊流」。

四、助成（輔助）的流通機能

除上述主要的支援機能外，還有一些間接的輔助機能。例如：在資金貸款、資金融通、教育訓練、風險負擔、信用提供、票期長短、災難發生、匯率變動、標準化作業與規格（標準化可促進流通及物品配送的效率化）。

案例　漢神百貨 POS 情報系統：掌握前端銷售，行銷大戰

漢神百貨前臺的 POS 情報系統，可以迅速掌握前端的銷售狀況，每一區專櫃的入帳金額，即時呈現在眼前，哪一區銷售狀況不佳，迅速回傳廠商，立刻推促銷活動，拉抬業績。

前臺的商品金額、數量與買賣資訊，透過 POS 情報系統送到後臺，還能進一步分析消費者行為，例如：不同顏色、款式的口紅銷售量，都能進行交叉比對，從中抓出有價值的資訊，應用於市場行銷。

流通機能類型

流通機能的四種類型化

（一）
商品的流通機能
（商品流）

1. 市場的把握
2. 商品管理
3. 商品買進與賣出交易

（二）
物的流通機能
（物流）

1. 運輸
2. 保管
3. 倉儲、組裝

（三）
資訊情報流通機能
（資訊情報流）

1. 蒐集
2. 處理、分析
3. 傳達、決策

（四）
助成的流通機能

1. 流通金融
2. 風險負擔
3. 國際化與標準化

流通的基本機能

（一）商品流

1. 商品所有權移轉機能

（二）物流

2. 運送機能與保管機能

（三）資訊情報流

3. 情報傳達機能

（四）流通的支援機能

4. 金融機能

5. 風險負擔機能

2-3 流通的相關業者與流通業界的業種

一、流通的相關業者

　　現代流通的相關業者，大概可以依其不同的機能，而有如下的幾種行業，包括：

　　(一) 商品流業者：包括批發商、經銷商、零售商等銷售功能為主的業者。

　　(二) 物流業者：主要是指運送業者及倉儲業者而言。例如：統一超商旗下的關係企業，捷盟物流及統一物流等常溫及冷藏物流公司。

　　(三) 資訊情報業者：主要包括提供資訊化、e化、電訊化及廣告宣傳的業者。

　　(四) 融資業者：提供資金借款營運周轉、信用卡的金融機構，如銀行、農會及信用合作社等。

　　(五) 保險業者：提供物產保險的公司，例如：廠房火險、營業中斷險、車險等。

　　另外，也有學者專家將相關的流通機構區分為三類，一為主力機構；二為次要機構；三為支援機構。如右圖所示。

二、流通業界的業種

　　日本學者專家普遍的將所謂的流通業種，區分為二大類：

(一) 批發業與經銷業

又包括：1. 綜合型批發業。2. 專業型批發業二種。

(二) 零售業

零售業的業種比較多一些，包括以下主要幾種：

1. 百貨公司。
2. 量販店。
3. 便利商店。
4. 資訊 3C 量販店。
5. 美妝、藥妝店。
6. 超市。
7. 大型購物中心。
8. 名牌精品店。
9. 網路購物。
10. 電視購物。
11. 型錄購物。
12. 其他各種專業、專門店。

流通機構與業種

流通的相關業者

（一）商品流
・批發商
・零售商

助成的業種

（二）物流
・運送業者
・倉儲業者

（三）資訊情報
・資訊電信業者
・廣告業者

支援的業種

（四）融資
・金融業者

（五）保險
・保險業者

相關流通機構有三類

（一）主力機構
・生產工廠、大盤商、批發商、零售商

 ＋

（二）次要機構
・物流公司

 ＋

（三）支援機構
・銀行、信用卡、保險公司以及政府相關單位

流通業界的業種概示

流通業界

（一）批發業

綜合型批發業／經銷業

 ＋

專業型批發業／經銷業

（二）零售業

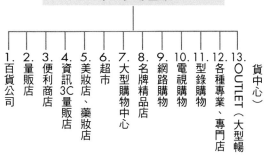

1. 百貨公司
2. 量販店
3. 便利商店
4. 資訊3C量販店
5. 美妝店、藥妝店
6. 超市
7. 大型購物中心
8. 名牌精品店
9. 網路購物
10. 電視購物
11. 型錄購物
12. 各種專業、專門店
13. OUTLET（大型暢貨中心）

2-4 流通構造的四種可能層次

流通構造的層次性，是不同產業、不同行業，甚至不同國家，而有不同階層多寡。

基本上來說，流通構造的四種可能層次，可以區分為四種模式。

一、零階流通

亦即沒有透過任何零售店面，直達消費者手上。例如：

（一）特殊農產品，由產地直送、直賣消費者手上。

（二）有些無店面行銷業者，也沒有零售店面，但是消費者透過電視畫面、手機、網站、型錄、報紙預購、DM、直銷人員等管道，也可以買到產品。

二、一階流通

亦即由工廠送貨到零售店，再到消費者手上。通常這種不經過批發商而直達零售點，都是位在都會區的大型零售商直接跟工廠進貨，或是進口代理商直接到百貨公司或購物中心設立據點，或是連鎖性零售商從自己工廠進貨。

三、二階流通

亦即產品到消費者手上，必須經過批發商及零售商這兩個階層的流通。

例如：像麵粉、黃豆、蔬果等原物料體系，都是經由批發商管道的。另外，在鄉鎮地區零售據點的日常消費品，由於工廠不容易直達零售點上，因此，也會透過各縣市經銷商及批發商，再轉賣到零售據點上。

四、三階流通

亦即產品到消費者手上，必須經過更長的通路才會到達，包括大盤商、中盤商、零售商等，這種模式在現代流通界是比較少了，除了特殊的進口原物料、食材、工業原料之外，是不易見到的。

但是，隨著零售商大型化、規模化及連鎖化的影響，傳統的流通層次已有縮短的現象，如右圖所示。美國 Wal-Mart 超大型量販店，即大部分向生產工廠直接進貨。

小博士的話

流通階層有縮減趨勢

根據現代化最新流通發展的趨勢來看，流通階層有漸趨縮減的變化，朝向一個有效率性的流通結構。主要原因有三個：一是網路購物及行動購物的大幅崛起及普及化；二是終端零售商日益大型化及追求進貨來源成本降低化；三是去中間化的時代潮流，日益擴張。

商品通路與流通構造層次

流通構造的四種可能層次

三階（模式1） 生產者 → 大盤商（大批發商） → 中盤商（批發商） → 零售商 → 消費者

二階（模式2） 生產者 → 中盤商（批發商） → 零售商 → 消費者

一階（模式3） 生產者 → 零售商 → 消費者

零階（模式4） 生產者 → 消費者

傳統商品通路層次與現代縮短通路比較

 1. 傳統商品通路層次

生產者 → [中盤商 / 批發商 / 經銷商] → 零售業 → 消費者

 2. 現代縮短通路

大型零售業

生產者 → Wal-Mart（美國最大量販店連鎖體系） → 消費者

2-5 流通成本的相關問題

一、流通成本（或費用）的項目

產品從工廠製造完成到最終使用消費者手上，必須經過各種流通體系及流通中間商人，而其間必然會產生各種成本或費用。

如果每個消費者可以自己到工廠去拿貨或買東西，那麼流通成本就是零了，但這是不可能的事，因為你不知道工廠在哪裡，而且個人花費的交通成本也很高，是划不來的。流通過程中，各批發商、零售商、物流公司、倉儲公司、貿易商、代理商等，可能產生的成本或費用，包括：

(一) 人員薪資費。

(二) 販賣活動費。

(三) 物流費（運輸費）。

(四) 倉儲費。

(五) 資訊與電信費。

(六) 廣告費。

(七) 市調費。

(八) 報關費。

(九) 其他各種雜費。

(十) 流通商的利潤。

如右圖所示，由個別的流通公司所支出的成本與費用，合計多個流通公司的階層，就是全部的流通成本與費用。

當然，這裡面也包括了各層次流通商的利潤在內。

所以，假設一瓶茶飲的工廠出貨價格是 10 元，但經過批發商及零售商通路，最後消費者買到時，可能已經是 20 或 25 元了。

二、流通成本的削減

現代流通與市場的進步及競爭發展，以及平價與低價時代的消費者需求呼聲，特別是像量販店、全聯福利中心、折扣商店、暢貨中心、百元商店等店家之崛起，使得大型及連鎖型的零售商，都力求二個方向：

第一：建立自己的零售通路。

第二：削減過多的通路商，直接向工廠下單進貨，避掉大盤商及批發商。

由於這些大型、連鎖型零售商的採購規模很大，因此，工廠都會配合出貨。如此，就省下了中間通路商的利潤剝削，而零售商價格可以下降。

流通成本的項目與刪減

流通成本（個別與全部的合計）

個別流通公司的流通成本（費用）

- 營業費（人員費）
- 販賣活動費
- 廣告費
- 市場調查費
- 物流費
- 倉儲費
- 資訊與電信費
- 報關費
- 各種雜費
- 流通商的利潤

全部公司的流通成本合計

- 流通業者 A 公司費用
- 流通業者 B 公司費用
- 流通業者 C 公司費用

A+B+C 合計：總費用

流通成本的可能削減——削減過多層次的流通商

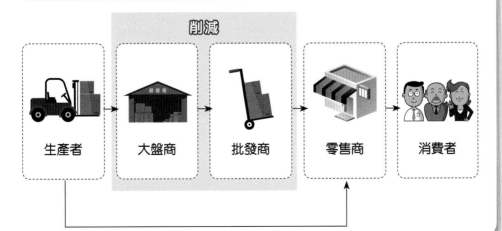

削減

生產者 → 大盤商 → 批發商 → 零售商 → 消費者

2-6 製販同盟

一、製造業與服務業的流通構造區別

製造業與服務業兩者間的流通結構，顯然是有很大的不同。

（一）在製造業方面

如前面各節所述，主要仍是工廠→批發商→零售商→消費者的傳統流通結構。

（二）在服務業的直營店行業方面

主要是有一個總店（旗艦店），然後下面有各地方的分店。當然，有時候有些公司未必有總店，而名為總公司或總管理處，然後下面有各分店或門市店。例如：燦坤、全國電子、大同 3C、全聯福利中心、新光三越百貨、遠東 SOGO 百貨、屈臣氏、康是美、誠品書店、家樂福、大潤發等，均屬於直營店或門市店、或分館、分店的流通結構。

（三）在服務業的加盟店行業方面

主要是有一個加盟總部或加盟總公司，然後下面有各地區的加盟店。例如：統一超商、全家便利商店、85 度 C 咖啡、吉的堡兒童美語、美而美早餐店、麥味登早餐店等均屬之。

二、製販同盟

製販同盟意指製造廠（生產者）與零售商（販賣者）兩者間，透過真心誠意、互利共榮，以及經營資源相互整合運用，而達到對雙方均有利的最終良好結果。具體來說，製販同盟具有兩項大合作的方向：

（一）在達成管理機能的共有化方面

這些管理機能，著重在資訊化、情報化、電子化的相互連結。例如：EOS 系統、EDI 系統、ECR 系統等。這些資訊 IT 系統都顯著有助於製販雙方間的營運效率提升、庫存成本下降、成本獲得有效控制或下降。

（二）在商品開發協助方面

大型零售商有可能設計及規劃出自有品牌的產品銷售，然後委託工廠做代工製造，增加生產線工作能量。另外，製造商既有的產品，也會在零售商的建議下，不斷加以改善。

現在，國內包括統一超商、全家、家樂福、屈臣氏、大潤發、康是美等連鎖零售公司，均積極與國內製造廠擴大自有品牌商品的開發上市，以及雙方資訊 IT 系統的全面連線，而使得雙方在銷售、下單、庫存、送貨、生產狀況等，均能從電腦上立即獲得最新的即時資訊情報，提高雙方的營運效率及創新效能。

產業流通構造與產銷聯盟

製造業與服務業的流通構造

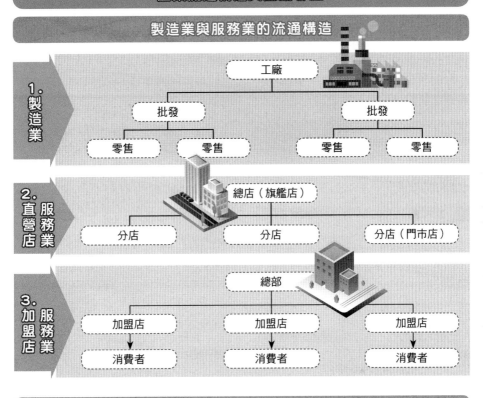

1. 製造業

工廠

批發　批發

零售　零售　零售　零售

2. 直營店　服務業

總店（旗艦店）

分店　分店　分店（門市店）

3. 加盟店　服務業

總部

加盟店　加盟店　加盟店

消費者　消費者　消費者

033

製販同盟（生產者與零售商之密切合作）

生產者 ── ○ ── 零售商

(1) 達成管理機能的共有化（例如：下訂單、庫存量、配送等），以削減成本，提高效率。

(2) 商品開發的協助（例如：生產者品牌及零售商品牌），以開創新市場。

ECR (Efficient Consumer Response)：效率性的消費者對應
EOS (Electronic Ordering System)：電子下單出貨資訊系統
EDI (Electronic Data Interchange)：電子化資料交換資訊系統

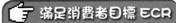 滿足消費者目標 ECR

 消費者 ← 零售 ← 批發 ← 生產

 EOS　達成效率化的銷售與訂單情報管理

 EDI　資訊情報快速交換

傳統流通與電子商務流通的差異性

一、無店面銷售崛起

如下圖所示,隨著網際網路及資訊數位化時代的來臨,傳統的流通結構也產生了一些變化。

雖然傳統的實體通路仍然存在,也有它的重要性及占比;但是,另一方面,新興網路時代的無店面經營也快速崛起,成為不可忽視的流通變革與革命。

傳統流通與網路時代流通的差異性

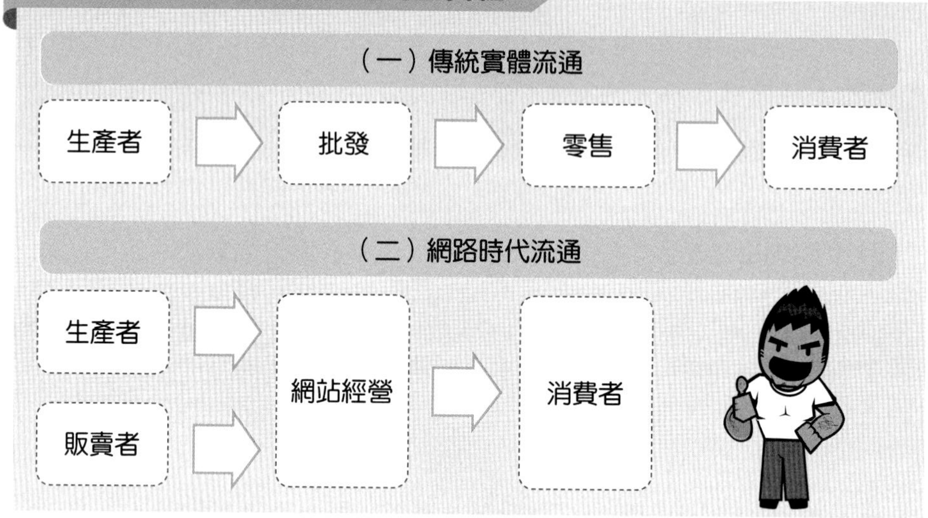

（一）傳統實體流通

生產者 ⇒ 批發 ⇒ 零售 ⇒ 消費者

（二）網路時代流通

生產者 ⇒ 網站經營 ⇒ 消費者

販賣者 ⇒

二、虛實通路並進

現在生產者及販賣者都建立網站來經營生意與創造業績,包括電視、型錄、網站等均屬之。目前,在網站購物方面,比較大的有 Yahoo 奇摩購物網、PChome 網路家庭、momo 購物網、博客來網路書店、東森購物網、雄獅旅遊網、燦星旅遊網等。此外,像遠東 SOGO 百貨、新光三越百貨、COSTCO、家樂福、誠品書店等實體零售店,也都同時經營網路購物。

三、網路購物崛起,對傳統流通結構的影響

（一）縮短及削減了通路層次,使從前多的通路層次與流通成本獲得下降。

（二）網購業務的快速成長,也帶動物流及宅配的發展。近年來,國內宅配公司迅速進步與成長,有目共睹,包括:統一速達、台灣宅配通、新竹貨運、大榮貨運、郵局等。

（三）網購使中小企業的商品可以秀出,讓他們過去不易上架到百貨公司及便利商店的現象,大幅獲得改善。

網購對物流、產銷結構的影響

網路購物崛起，對傳統流通結構的三大影響

① 縮短行銷通路層次，降低流通成本！

② 網購使中小企業的品牌得以露出，有助銷售！

③ 網購崛起，大幅帶動物流宅配業者的快速成長與進步！

網路購物崛起，壓縮了批發商及經銷商的生存空間

工廠進口商

網購業者

〈跳過〉
・ 批發商
・ 中盤商
・ 經銷商

消費者

通路階層的種類，可包括以下幾種：

一、零階通路

又稱直接行銷通路，例如：安麗、克緹、雅芳、如新、美樂家等直銷公司或是電視購物、型錄購物、網路購物等均是。

二、一階通路

例如：統一速食麵、鮮奶，直接出貨到統一超商店面去銷售。

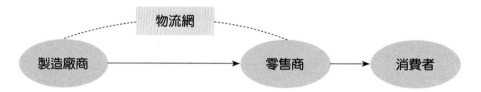

三、二階通路

例如：金蘭醬油、多芬洗髮精、味丹泡麵、金車飲料……等，經過各地區經銷商，然後送到各縣市零售據點去銷售。

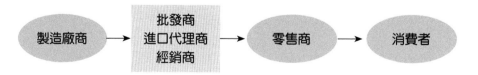

四、三階通路

例如：人宗物資、雜糧品、麵粉、玉米……等特殊產品的通路階層最長。

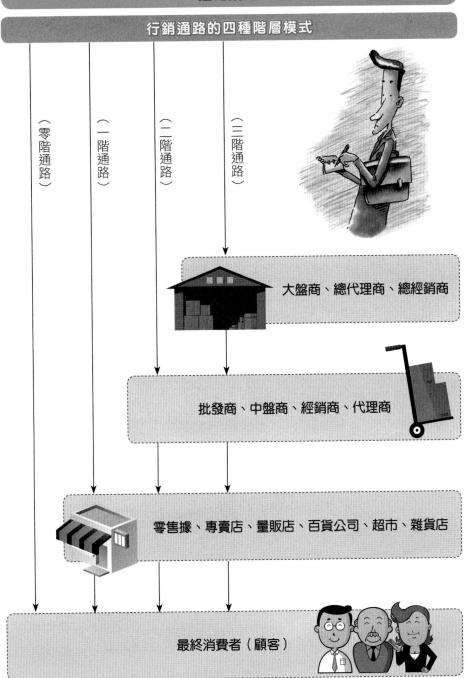

通路策略

行銷通路的四種階層模式

（零階通路）

（一階通路）

（二階通路）

（三階通路）

大盤商、總代理商、總經銷商

批發商、中盤商、經銷商、代理商

零售據、專賣店、量販店、百貨公司、超市、雜貨店

最終消費者（顧客）

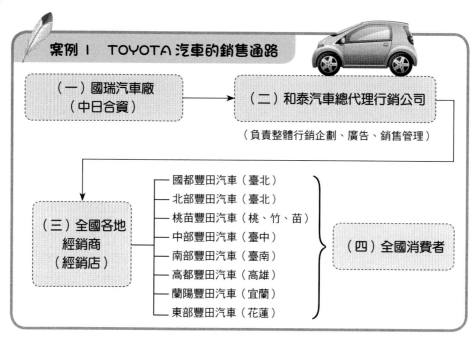

案例 1　TOYOTA 汽車的銷售通路

（一）國瑞汽車廠（中日合資） → （二）和泰汽車總代理行銷公司（負責整體行銷企劃、廣告、銷售管理）

（三）全國各地經銷商（經銷店）
- 國都豐田汽車（臺北）
- 北部豐田汽車（臺北）
- 桃苗豐田汽車（桃、竹、苗）
- 中部豐田汽車（臺中）
- 南部豐田汽車（臺南）
- 高都豐田汽車（高雄）
- 蘭陽豐田汽車（宜蘭）
- 東部豐田汽車（花蓮）

（四）全國消費者

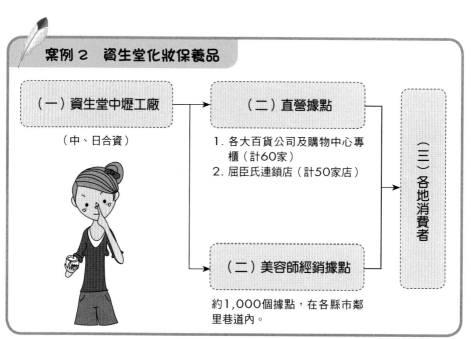

案例 2　資生堂化妝保養品

（一）資生堂中壢工廠（中、日合資）

（二）直營據點
1. 各大百貨公司及購物中心專櫃（計60家）
2. 屈臣氏連鎖店（計50家店）

（二）美容師經銷據點
約1,000個據點，在各縣市鄰里巷道內。

（三）各地消費者

案例 3　Panasonic 家電產品（冷氣、電視機、電冰箱、洗衣機……）

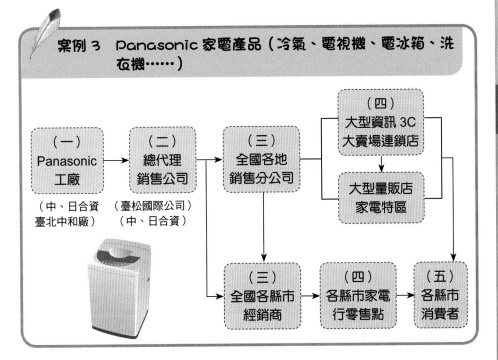

（一）Panasonic 工廠（中、日合資 臺北中和廠）

（二）總代理銷售公司（臺松國際公司）（中、日合資）

（三）全國各地銷售分公司

（四）大型資訊 3C 大賣場連鎖店

大型量販店家電特區

（三）全國各縣市經銷商

（四）各縣市家電行零售點

（五）各縣市消費者

案例 4　味全食品公司（鮮奶、咖啡、味精、醬油）

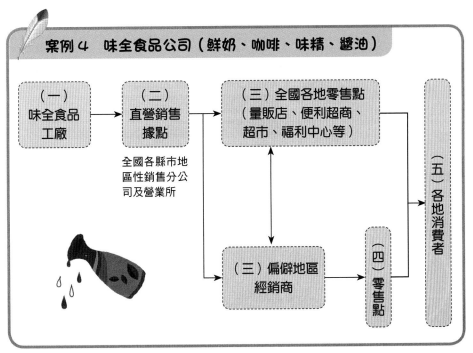

（一）味全食品工廠

（二）直營銷售據點

全國各縣市地區性銷售分公司及營業所

（三）全國各地零售點（量販店、便利超商、超市、福利中心等）

（三）偏僻地區經銷商

（四）零售點

（五）各地消費者

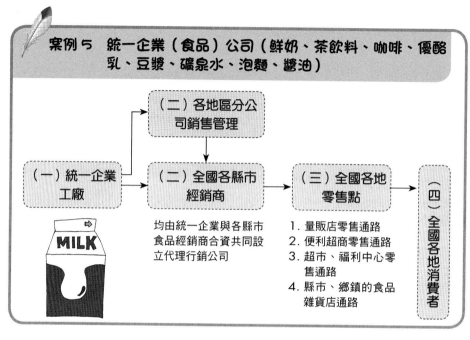

案例5 統一企業（食品）公司（鮮奶、茶飲料、咖啡、優酪乳、豆漿、礦泉水、泡麵、醬油）

（二）各地區分公司銷售管理

（一）統一企業工廠 → （二）全國各縣市經銷商 → （三）全國各地零售點 → （四）全國各地消費者

均由統一企業與各縣市食品經銷商合資共同設立代理行銷公司

1. 量販店零售通路
2. 便利超商零售通路
3. 超市、福利中心零售通路
4. 縣市、鄉鎮的食品雜貨店通路

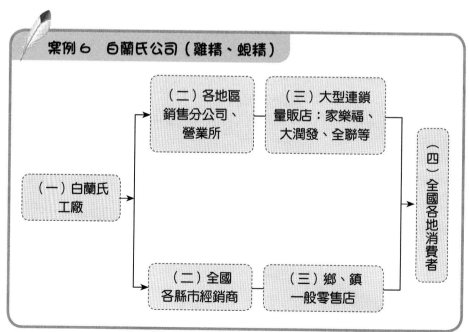

案例6 白蘭氏公司（雞精、蜆精）

（一）白蘭氏工廠

（二）各地區銷售分公司、營業所

（三）大型連鎖量販店：家樂福、大潤發、全聯等

（二）全國各縣市經銷商

（三）鄉、鎮一般零售店

（四）全國各地消費者

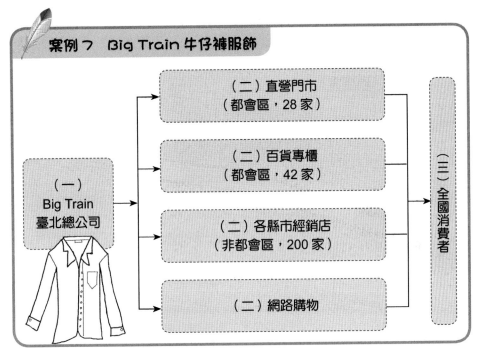

案例 7　Big Train 牛仔褲服飾

（一）
Big Train
臺北總公司

（二）直營門市
（都會區，28 家）

（二）百貨專櫃
（都會區，42 家）

（二）各縣市經銷店
（非都會區，200 家）

（二）網路購物

（三）全國消費者

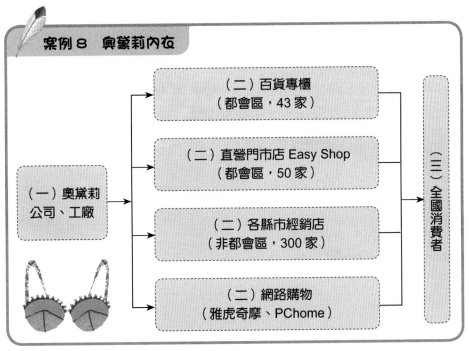

案例 8　奧黛莉內衣

（一）奧黛莉
公司、工廠

（二）百貨專櫃
（都會區，43 家）

（二）直營門市店 Easy Shop
（都會區，50 家）

（二）各縣市經銷店
（非都會區，300 家）

（二）網路購物
（雅虎奇摩、PChome）

（三）全國消費者

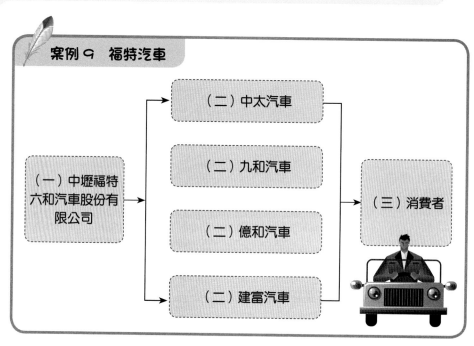

案例9 福特汽車

（一）中壢福特六和汽車股份有限公司 → （二）中太汽車／（二）九和汽車／（二）億和汽車／（二）建富汽車 → （三）消費者

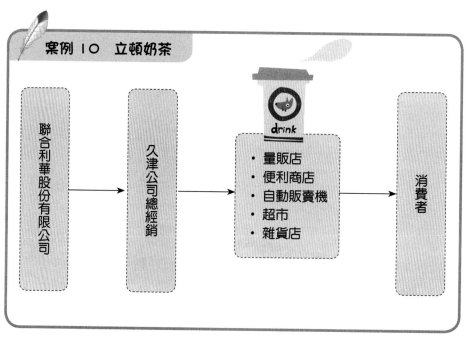

案例10 立頓奶茶

聯合利華股份有限公司 → 久津公司總經銷 → ・量販店 ・便利商店 ・自動販賣機 ・超市 ・雜貨店 → 消費者

drink

案例 11　香蕉（農產品）

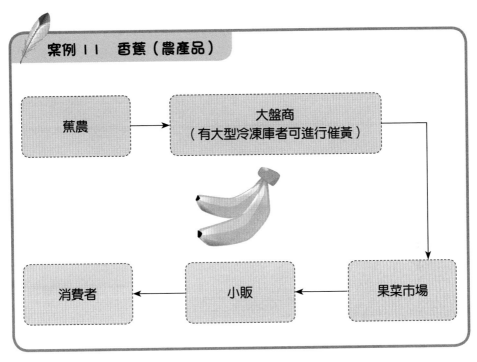

案例 12　蘭蔻、迪奧、香奈兒、化妝保養品（進口品）

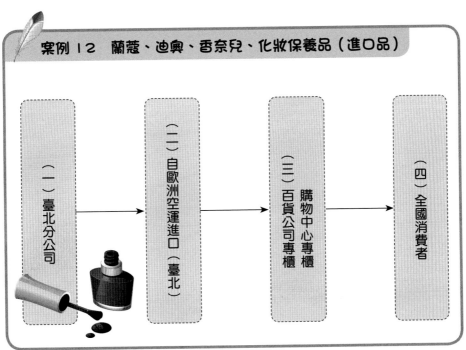

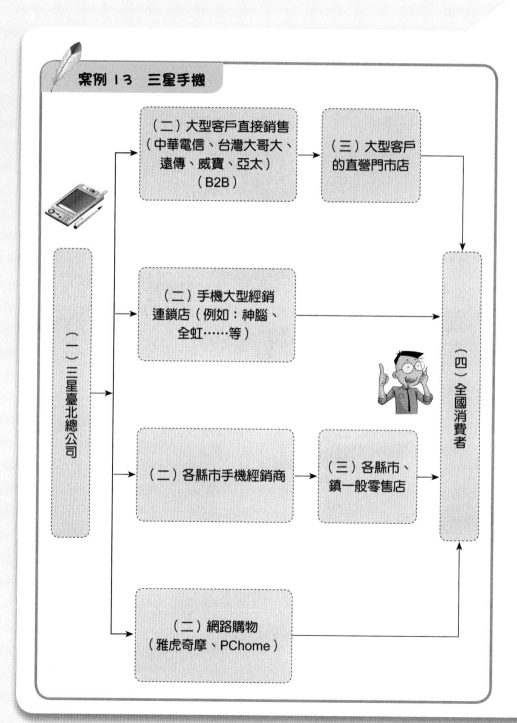

案例 13　三星手機

（二）大型客戶直接銷售
（中華電信、台灣大哥大、
遠傳、威寶、亞太）
（B2B）

（三）大型客戶
的直營門市店

（二）手機大型經銷
連鎖店（例如：神腦、
全虹……等）

（一）三星臺北總公司

（二）各縣市手機經銷商

（三）各縣市、
鎮一般零售店

（四）全國消費者

（二）網路購物
（雅虎奇摩、PChome）

案例 14　可口可樂碳酸飲料

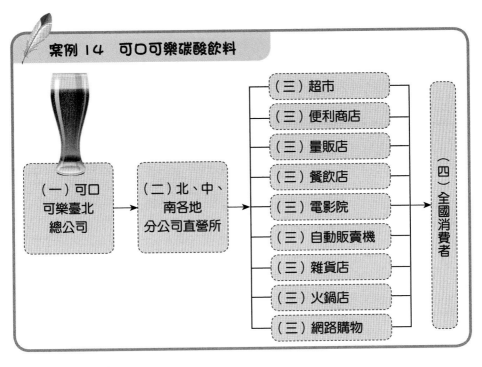

（一）可口可樂臺北總公司 → （二）北、中、南各地分公司直營所 →

- （三）超市
- （三）便利商店
- （三）量販店
- （三）餐飲店
- （三）電影院
- （三）自動販賣機
- （三）雜貨店
- （三）火鍋店
- （三）網路購物

→ （四）全國消費者

案例 15　阿瘦皮鞋連鎖店（直營門市店）

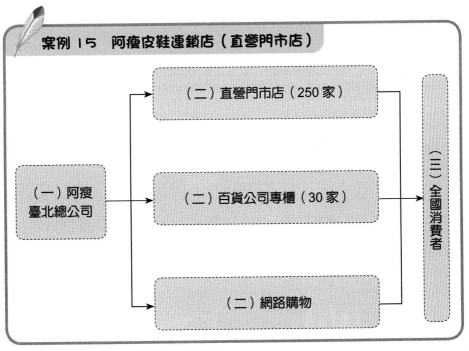

（一）阿瘦臺北總公司 →

- （二）直營門市店（250 家）
- （二）百貨公司專櫃（30 家）
- （二）網路購物

→ （三）全國消費者

Date _____/_____/_____

第 3 章
批發商概述

3-1 批發業定義及存在的理論基礎

一、批發業的定義

批發業（Whole Saler）是指將商品再賣給更下游的零售商或一般商店，或者也有可能再賣給一般業務用途或產業用途的公司行號。總之，批發業者賣出的對象絕不是一般消費者個人，而是會再轉賣的下一手業者。

二、批發商與經銷商

在國內，有時候批發商也被稱為經銷商，其實兩者的差異並不大，只是名稱不同而已。例如：統一企業產品的行銷通路，有一部分是透過自己在各縣市的分公司銷售，另有一部分透過各縣市的外圍經銷商協助鋪貨，銷售到各零售據點。

三、日本對批發範圍有更多元、周全的定義

（一）出售給各種零售店面。

（二）出售給產業使用者（例如：建築業、各種製造業等），其銷售數量都比較大。

（三）出售給各種產品維修及物料等業者。

（四）出售給代理商或仲介商等業者。

四、批發業者存在的三種理論基礎

批發商或經銷商至今仍能存在現代化行銷體系中，代表他們存在一些「價值」，否則，這些業者即會消失無蹤。以下是他們仍得以存活的三種理論基礎：

（一）市場接近原理（Principle of Proximity）

批發商畢竟比工廠更接近市場，尤其是在幅員廣大的國家或市場中，工廠不太可能像各地的批發商，更接近市場與瞭解市場發展。試想，一家臺南的食品工廠，怎麼可能依賴自己的人力，而將產品鋪貨上架到全臺灣幾萬個零售據點去呢？這當然要依賴全國各縣市、各鄉鎮的批發商及經銷商的協助，才會比較有效率、更普及性以及更能提升業績。

（二）交易總數最小化的原理（Principle of Minimum Total Transactions）

此原理的意義，如右圖所示。如果沒有批發商的時候，每一家工廠必須面對 10 個零售者，如此總交易數為 7×10 = 70 個，非常複雜且疲累不堪。反之，如果有一家批發商協助，則其交易數減為 7 + 10 = 17 個，故得到簡化及效率化，而可少掉 70 − 17 = 53 個的交易數，此即是商業活動上尋求交易總數最少化之原理。如此一來，各種交易的成本支出、人力可以降低，效率速度相對可以提升。

（三）集中貯藏的原理（Principle of Massed Reserves）

批發商存在的另一個理論是可以貯藏較大量及多樣化的產品在倉庫，一方面可以供給零售店各種正常訂貨或急需之用，另一方面，也可以提供較小量的零售店所需。畢竟，每家零售店不可能在其店內上架大量的商品項目，故批發商為其所在區域內的零售店，扮演了集中貯藏與分批、小量出貨的功能及角色。

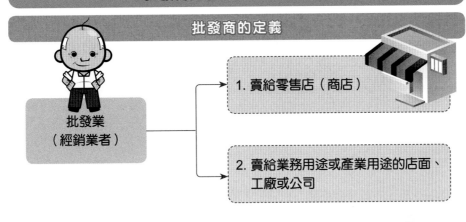

批發商銷售流程與存在理論

批發商的定義

批發業
（經銷業者）

1. 賣給零售店（商店）

2. 賣給業務用途或產業用途的店面、工廠或公司

批發商交易總數最小化原理

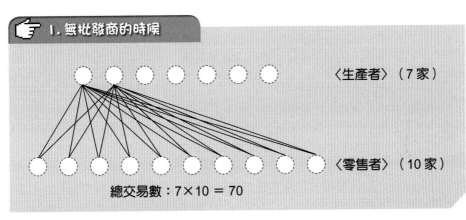

1. 無批發商的時候

〈生產者〉（7 家）

〈零售者〉（10 家）

總交易數：7×10 = 70

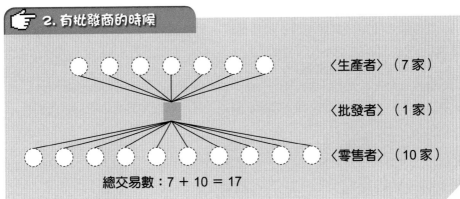

2. 有批發商的時候

〈生產者〉（7 家）

〈批發者〉（1 家）

〈零售者〉（10 家）

總交易數：7 + 10 = 17

3-2 批發商的機能與分類

一、批發業的機能

總的來說，如前述批發商存在的理論，批發業者的機能，主要有以下幾項：

（一）具有「集中」與「分散」的機能

（二）供需調節的機能

生產與消費兩者間的供需調節，也是在批發商的中間角色做一些調節機能。例如：消費力低的時候，批發商就會請工廠不必做太多產品出來，避免庫存太多或賣不掉。反之，市況景氣大好時，工廠即會接受批發商要求，多增加生產供貨。此種調節機能，可能會在景氣變化、時節、季節性變化、促銷或降價活動時出現。

（三）對生產者援助機能

對大多數的中小企業工廠而言，他們並無大企業的資源可享，因此，很多方面仍須仰賴批發商提供支援協助，包括金融信用、付款期、資訊情報提供、生產指導機能、生產安定化機能以及市場開拓機能等。

（四）對下游零售業者援助機能

對於中小型下游的零售商店而言，大型批發商也扮演了支援的功能，包括：結帳付款、情報提供、物流送貨、退貨、風險負擔、庫存管理、補貨、換貨、銷售指導及獎勵優惠措施等。

（五）流通成本削減的機能

透過前述的「交易總數量最少化理論」、「集中貯藏理論」以及「市場接近原理」等，整體產業的流通成本確實可以降低。如果沒有中間批發商這個環節，那麼對絕大多數的中小企業工廠及零售商是比較不利的，而且成本會增加很多。

另外，亦有學者專家提出對批發業機能的歸納，包括如右圖所示的四大機能：1.集貨再分散的機能。2.庫存量調整的機能。3.物流與配送的機能。4.金融負擔與風險負擔的機能。

二、批發業的分類

批發業者如果依其規模大小與功能大小來分類的話，大致上可以區分為二種：

（一）綜合型的批發業者

例如：像日本大型的綜合商社一樣，其交易買賣批發的商品種類非常多，而且是多元化與多樣化的產品線。此種綜合型批發業者必須是人企業或綜合商社。

（二）專業型的批發業者

像是日本的國內批發公司，專門以食品、酒類為主力產品；零售批發公司則是以加工食品為主力業務。另外，還有專以醫療用品、原物料等的專業批發公司。

批發商型態與機能

批發商的機能

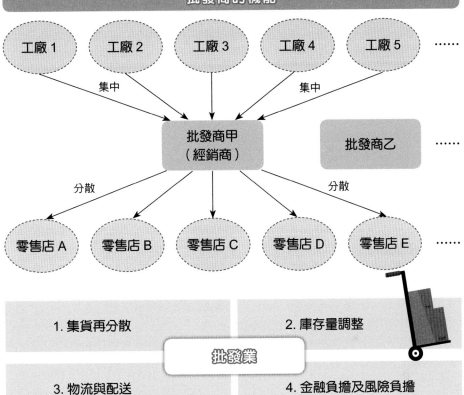

| 工廠 1 | 工廠 2 | 工廠 3 | 工廠 4 | 工廠 5 | …… |

集中　　　　　　　　　　集中

批發商甲
（經銷商）　　　　　批發商乙　　……

分散　　　　　　　　　　分散

| 零售店 A | 零售店 B | 零售店 C | 零售店 D | 零售店 E | …… |

1. 集貨再分散　　　　　　　2. 庫存量調整

批發業

3. 物流與配送　　　　　　　4. 金融負擔及風險負擔

051

批發商的種類

1. 綜合型批發商

2. 專業型批發商

一、日本批發業的三種趨勢

根據日本官方的統計，自 1990 年代以來，日本批發業從過去的極盛時期，逐步呈現衰退減少的現象。換言之，批發商的功能及角色，在日本的地位已急速滑落，主要有三種趨勢：

（一）批發商的商店數、從業員工人數及總營業額，均顯著大幅減少。

（二）中小規模的批發公司，亦顯著大幅減少。

（三）批發流通結構的零細化及小規模化。

二、批發業與中小型批發商陷入困境的原因

（一）批發業市場規模縮小的原因

根據國內外流通產業專家的分析指出，全世界批發業市場規模縮小的原因，包括：

1. 大型零售商向工廠直接進貨，不透過批發商。

2. 小規模零售店逐年減少，被現代化零售店所取代，而現代化零售店也較少向批發商進貨。

3. 網際網路的普及與資訊透明化，使無店面銷售及網路購物、電子商務崛起。

4. 消費者要低價時代來臨，因此批發商層次的利潤被去除了。

（二）中小型批發商經營惡化的因素

如前面所述，批發商空間雖然受到擠壓，但是大型批發商仍有存活空間，倒是中小型批發商面臨很大的經營壓縮。歸納其面臨經營惡化的四項因素，如下所示：

1. 傳統中小型零售商客戶經營不易，因此連帶也減少了向中小型批發商下單的數量。

2. 大型零售商向工廠直接下單，跳過批發商層次。

3. 外部景氣低迷，各零售商業績衰退，故減少批發商進貨量。

4. 大型批發商組成，也壓迫到中小型批發商的生存空間。

批發業市場規模縮小的原因

批發業遭遇困境四大要因

1. 大型零售商向工廠直接進貨，不透過批發商

2. 小規模零售店逐年減少，被現代化零售商取代

3. 網際網路的普及與資訊透明化，使無店面銷售崛起

4. 消費者要低價時代來臨，批發商層次的利潤被去除了

中小型批發商經營惡化的因素

1. 中小型零售商客戶經營惡化，下單量減少

中小型批發商經營惡化的因素

4. 大型批發商日漸成形，壓迫到中小型批發商的生存空間

2. 大型、連鎖型零售商直接向生產工廠下單訂貨，跳過批發商

3. 外部景氣低迷，各零售商業績衰退

3-4 批發商起死回生與革新的方向

一、批發商面對業態革新與改革的壓力

現今批發商面臨著各種改革壓力，包括：

(一) 來自零售商：1. 業態多元化、革新化。2. 大規模化。3. 連鎖化。

(二) 來自消費者：1. 需求多樣化。2. 即時性要求。

因此，批發商今後須強化他們的商品調度能力，以及對本身各項機能的重視；另外，如何朝向大型化批發商發展，將是影響批發商存活的關鍵點。

二、批發商起死回生與革新的方向

(一) 中小型批發商五大革新方向：

日本多位流通學者專家針對日本長期以來存在的中小型批發商，提出他們歸納的五大革新方向：

1. 在經營面：如何對經營的基本態勢及經營目標的再明確化。

2. 在業務面：如何對營業及銷售系統的再改革與再提升效能。

3. 在戰略面：如何強化對所批發與經銷商品的再革新。

4. 在顧客面：如何對消費者的需求，做更徹底的分析及滿足他們更多需求。

5. 在其他公司合作面：如何與上游廠商及下游零售業者，建立 SCM 供應鏈的全面資訊化與自動化。

(二) 未來批發業的強化重點：

根據日本對批發流通業的一項調查顯示，未來批發業者將積極加強其存在價值的重點方向，包括以下幾點：

1. 對商品企業與商品調度的能力加強。

2. 對特定性與專門性強的商品領域要加強。

3. 對交易商品範圍的積極擴充。

4. 對自有品牌商品開發的加強。

5. 對物流效率機能的加強。

6. 對下游零售商支援機能的加強。

7. 對商品品質、安全管理的強化。

(三) 大型批發商對零售商加強支援：

今後大型專業批發商應全面強化自身體質，調整策略及作法，主要有如右圖所示幾項具體事項，包括三大類及八小項。

1. 商品情報的提供及活用。

2. 能夠有迅速需求的對應。

3. 自身經營體質的強化。

批發商唯有不斷提升自身對零售商服務的機能與價值，讓他們不必百分之百向工廠直接進貨，那麼批發商就有存活下去的正當性、必然性與價值性。

批發商改革方向

批發商面對業態革新與改革的壓力

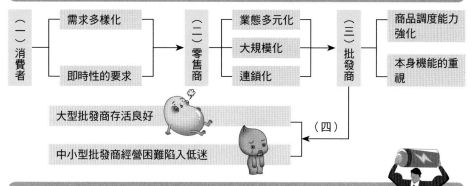

（一）消費者
- 需求多樣化
- 即時性的要求

（二）零售商
- 業態多元化
- 大規模化
- 連鎖化

（三）批發商
- 商品調度能力強化
- 本身機能的重視

大型批發商存活良好

中小型批發商經營困難陷入低迷

（四）

中小型批發商起死回生的五大革新方向

（一）經營的基本態勢與目標的明確化

（二）營業及銷售系統的改革　　　　　　　　　（三）商品的革新

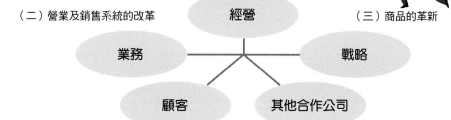

經營

業務

戰略

顧客

其他合作公司

（四）對消費者需求的徹底分析　　　　（五）SCM供應鏈管理的強化

大型批發商對零售商的加強支援事項

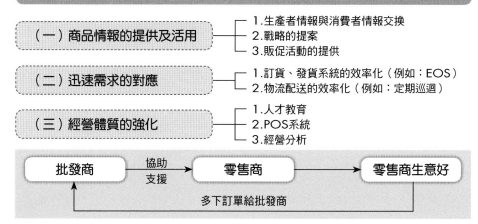

（一）商品情報的提供及活用
- 1.生產者情報與消費者情報交換
- 2.戰略的提案
- 3.販促活動的提供

（二）迅速需求的對應
- 1.訂貨、發貨系統的效率化（例如：EOS）
- 2.物流配送的效率化（例如：定期巡迴）

（三）經營體質的強化
- 1.人才教育
- 2.POS系統
- 3.經營分析

批發商 ——協助支援——> 零售商 ——> 零售商生意好

多下訂單給批發商

Date _____/_____/_____

第 **4** 章
經銷商概述

4-1 經銷商定義、類型及改變力量

一、何謂經銷商

經銷商是指在某一區域和領域，只擁有銷售或服務的單位或個人，經銷商具有獨立的經營機構，擁有商品的所有權（買斷製造商的產品／服務），獲得經營利潤，多品項經營，經營活動過程不受或很少受供貨商限制，與供貨商權責對等。

二、經銷商類型

(一) 依品類多寡

經銷商若按所經銷產品類型多寡來看，可區分為二大類。

1. 單一品類的經銷商：例如：食品經銷商、飲料經銷商、手機經銷商、冷氣經銷商、電腦經銷商、肉品經銷商、文具經銷商、水果經銷商、雜誌經銷商……。

2. 多品類的經銷商：例如：綜合家電、綜合資訊 3C、綜合蔬果……。

(二) 依不同品牌廠商多寡

1. 單一品牌廠商的經銷商：例如：專賣統一企業或大金冷氣的經銷商。

2. 多元品牌廠商的經銷商：例如：賣很多品牌的茶飲料或手機。

三、經銷商及批發商改變的力量及對策

近五年、十年來，扮演製造商或末端零售商的經銷商，是行銷通路的一環，如今也面臨著五種不利的環境改變力量，包括：

(一) 不少全國性大廠商自己布建零售店連鎖通路，建置物流倉儲據點

當然，其零售店也擔任著最終銷售給消費者的任務。如此，可能會部分取代了過去傳統經銷商的工作。此即被取代性，使經銷商生存空間愈來愈小了。

(二) 資訊科技發展迅速

過去廠商與經銷商大部分靠電話、傳真及面對面溝通協調及業務往來，如今已現代化與資訊化，經銷商也被迫要提升經營管理與人才水準，才能呼應全國性大廠的要求與配合。

(三) 無店面銷售及網路購物管道的崛起

網際網路購物、電視購物、型錄購物、預購等無店面銷售管道的崛起，也影響了傳統經銷商的生意。

(四) 物流體系與宅配公司的良好搭配

由於物流體系及獨立物流宅配公司的良好發展，使經銷商這方面的功能也被取代，臺灣最近幾年的宅配物流公司也發展得很成功。

(五) 大型且連鎖性零售的崛起

包括大賣場、購物中心、百貨公司、便利商店、超市、專門店等，這些公司大部分直接跟廠商進貨，比較少透過經銷商。這也縮小了經銷商的生意空間。例如：全聯福利中心有 1,000 家店、7-11 有 5,900 家店、家樂福有 70 家店、屈臣氏有 591 家店……等。

經銷商類型與促使改變因素

經銷商類型

（一）單一品類經銷商

（二）多品類的經銷商

（三）單一品牌經銷商

（四）多元品牌經銷商

經銷商面對不利的五種改變力量

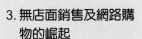

1. 不少全國性大廠自己建置物流倉儲據點

2. 資訊科技發展迅速

3. 無店面銷售及網路購物的崛起

4. 物流體系與宅配公司良好搭配

5. 大型且連鎖性零售的崛起

經銷商面對不利的五種改變力量

4-2 經銷商的因應對策與方向

一、經銷商可能的因應對策

　　經銷商面對不利的環境變化及趨勢，他們所可以採取的對策方向，可能包括了以下幾項：

　　(一) 應思考如何改變過去傳統的經營模式 (Business Model)，亦即要考量如何革新及創新未來更符合時代需求性的新營運模式。

　　(二) 應思考如何尋找新的方法、工作內涵及創意，來拉高他們日益下跌的價值 (Value)，要讓製造商覺得他們還有利用價值，而不會拋棄他們。

　　(三) 應更快速找出新的市場區隔及新的市場商機。

　　(四) 應思考如何做全面性的改變，才能脫胎換骨，展現新的未來願景以及專業方針。

二、比較需要透過經銷商、代理商或批發商的產品類別

　　依目前國內來說，還是有不少產品在銷售過程中，仍然仰賴各地區的經銷商或批發商。

　　由於有些全國性品牌大廠的產品，他們都想要密集將商品遍布在全臺每一個縣市、每一個鄉鎮的每一個不同店面上銷售，而事實上，公司不可能在全臺到處設置直營營業所或直營門市店，這樣的成本代價太高，幾乎很少有人這樣做。

　　因此，比較偏遠地區透過經銷商或代理商來銷售產品，也就成了必然的通路決策。

　　目前，國內仍仰賴經銷商運送到零售商的產品類別，包括：

　　(一) 汽車銷售。

　　(二) 家電銷售。

　　(三) 電腦銷售。

　　(四) 機車銷售。

　　(五) 食品銷售。

　　(六) 飲料銷售。

　　(七) 手機銷售。

　　(八) 農產品銷售。

　　(九) 大宗物資銷售（如小麥、麵粉、玉米、沙拉油、菸、酒……等）。

　　(十) 其他類別產品。

經銷商突破困境之道

經銷商的因應對策與方向

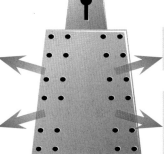

1. 必須改變傳統的營運模式！

2. 思考找到新的方法、新工作內涵及新價值！

3. 思考找出新的市場商機！

4. 應思考做全面性的改變，以脫胎換骨！

必須仰賴經銷商的品類

6. 資訊、3C 類

4. 大宗物資類

2. 飲料類

7. 家電類

1. 食品類

5. 汽車、機車銷售

3. 農產品類

8. 菸、酒類

4-3 製造商大小與經銷商關係

一、大製造商對經銷商的優點及協助項目

(一)大製造商或全國性知名品牌製造商,例如:統一、金車、味全、東元、大同、歌林、華碩、光泉、味丹、桂格、松下、臺灣P&G……等公司均屬之。

(二)大製造商的優點有:1. 品牌大,2. 形象佳,3. 產品線多,4. 產品項目較齊全,5. 忠實顧客較多,6. 公司管理、輔導及資訊系統較上軌道,7. 有一定的廣宣預算。而這些優點對經銷商的銷售及獲利助益與貢獻,也會比較大一些。

(三)換言之,經銷商們要仰賴這些全國性知名製造商的產品經銷,才能獲利賺錢,存活下去。

(四)另外,全國性大廠也比較能協助、輔導這些經銷商們。包括:1. 銀行融資、資金的協助及安排。2. 資訊系統連線的協助及安排。3. 產品、銷售技能及售後服務、教育訓練的協助及安排。4. 實際派人投入經營管理與行銷操作上的協助及安排。5. 對經銷商庫存(存貨)水準的協助及安排,以避免庫存積壓過多。

因此,大型製造商對經銷商的影響力很大。

二、中小型製造商對經銷商的影響力

中小型製造商或進口貿易商,由於他們的資源力量,不論人力、物力及財力,均不如全國性大製造商,因此對旗下經銷商的協助及影響力,就相對小很多。

三、製造商不願採用批發商原因

雖然批發商在行銷過程中,具有一定程度之功能,但是製造商有時卻出現不願採用批發商此一行銷通路,主要的原因有:

(一)**批發商未積極推廣商品**:通常批發商只對較暢銷的商品以及利潤較高的產品,才有推廣意願。

(二)**批發商未負起倉儲功能**:有些批發商不願配合廠商要求而積存大量存貨,因為缺乏大的空間以及不願資金積壓。

(三)**迅速運送需要**:當產品的特性必須快速送達客戶手中時,也不須透過批發商這一關。

(四)**製造商希望接近市場**:透過批發商行銷產品,對廠商而言,總感覺生存根基控制在別人手裡,希望加強自主行銷力量。此外,接近市場後,對資訊情報之獲得,也會較快且正確。

(五)**零售商喜歡直接購買**:零售商為降低進貨成本,也喜歡直接跟工廠進貨。

(六)**市場容量足以設立直營營業組織**:由於產品線齊全且市場胃納量大,足以支撐廠商設立直營營業組織,展開業務發展。

為何經銷商喜愛與大廠商往來

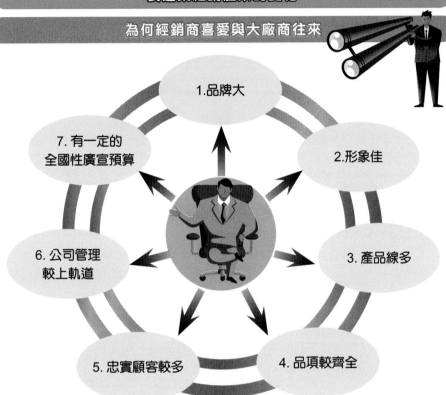

1. 品牌大

2. 形象佳

3. 產品線多

4. 品項較齊全

5. 忠實顧客較多

6. 公司管理較上軌道

7. 有一定的全國性廣宣預算

生產者自建行銷公司或銷售公司的狀況

生產者（製造公司）　　　　・日本花王生產工廠（花王製造公司）

行銷公司　　　　　　　花王行銷公司

各代理店、經銷商（鄉鎮地區）

零售店（都會區）（自行出貨）

消費者

SALE

全臺（全球）經銷商年度大會

一、全臺（全球）經銷商大會的目的與內容

很多大型內銷公司或大型全球化跨國公司，幾乎每一年度12月底時或隔年的1月分，都會舉辦所謂的全臺或全球經銷商大會，其目的主要有以下幾點：

（一）檢討當年度的經銷商銷售績效如何？是否達成原訂目標？達成或不能達成的原因為何？

（二）策劃下一年度經銷商銷售預算目標並昭示各經銷商努力方向。

（三）向各經銷商報告總公司在新一年度的經營方針、經營策略、新產品開發方向、品牌宣傳做法與投入、經銷商獎勵辦法、定價策略、教育訓練措施、資訊化作業、市場銷售推廣策略、人才培訓、輔導經銷商新措施、以及產業／市場／競爭環境變化趨勢等諸多事項。

（四）激勵、鼓舞及振作全臺（全球）經銷商的士氣，展現宏偉壯大的產銷團隊力量，以利於未來年度業績的成長。

（五）聽取全臺（全球）主力經銷商對總公司各單位提出的建議、意見、反饋、反省、創新作法、創意、甚至是批評亦可以。期使總公司能夠吸取第一線經銷商的寶貴意見，作為改善、革新與進步的強大動力與督促力量。

（六）另外，若有下年度新產品推出，亦可以藉此機會，向全臺（全球）經銷商做初步介紹說明，並聽取意見。

（七）最後，大會結束後，大家可以順便餐敘聯誼，畢竟一年大家聚在一起，只有一次而已，可以促進感情。

二、案例

（一）全臺經銷商大會

例如：統一企業、桂格食品、三星手機、Panasonic 家電、LG 家電、金車……等企業，在年底12月或次年2月過春節前，都定期舉辦全臺經銷商大會。

（二）全球經銷商大會

例如：臺灣的 acer、Asus、hTC、Giant（捷安特）等；以及韓國的三星手機、LG 家電；日本的 SONY、Panasonic、Canon、Sharp、TOYOTA……等，也都會在其國家首都或海外主力國家市場，舉辦大型全球各國聚集的經銷商大會。

三、通路經銷商產品介紹大會

大型品牌廠商經常會推出新產品，必須一次對全臺所有經銷商做介紹或教育訓練，因此，就會舉辦全臺經銷商大會，如右頁案例（以資訊業為例）。

經銷商大會的意義與案例

全臺（全球）經銷商大會的目的與內容

1. 檢討當年度經銷商業績成果如何
2. 策劃下一年度經銷商業績目標及努力方向
3. 報告總公司下一年的策略、新產品及廣宣內容
4. 激勵、鼓舞全臺、全球各區域經銷商士氣
5. 聽取各地區經銷商意見與建言
6. 大會結束後，順便餐敘

資訊業對經銷商產品介紹會

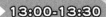

《活動現場禁止錄音錄影》

13:00-13:30	報到
13:30-13:40	專題：市場趨勢剖析 & 未來願景
13:40-14:20	行動平臺未來趨勢
14:20-14:45	夥伴最新產品介紹
14:45-15:15	現場交流
15:15-15:45	Intel 通路夥伴計畫／行銷活動及現場促銷、現場展示時間
15:45-16:10	伺服器、SSD（固態硬碟）、McAfee 防毒解決方案
16:10-16:50	第 4 代 Intel Core 處理器平臺架構解析
16:50-17:15	Q&A 抽獎

4-5　品牌廠商對經銷商年度簡報與區域業務經理技能

一、品牌廠商對全臺經銷商年度計畫簡報大會內容

全國性品牌大廠或國外大廠，每年會在重大的經銷商會議上，說明他們今年度的重大計畫與去年度的檢討事項，以讓經銷商們有一個總體的概念及信心。一般來說，這些報告或營運計畫書的大綱內容，包括：

（一）今年度廠商與經銷商們績效的檢討、銷售預算目標的達成率及原因分析。

（二）明年度的市場、技術、產品、通路、定價發展及競爭者對手分析說明。

（三）明年度本公司將推出的新產品計畫說明。包括新產品的機型、功能、技術、製程、代工、品質、定價、時間點及競爭力等。

（四）明年度配合新產品上市的全國性整合行銷廣宣計畫。包括媒體廣告、公關、媒體報導、事件行銷、促銷活動、定價策略、宣傳品、店招、POP……等。

（五）明年度的經銷商銷售目標額、目標量、銷售競賽、獎勵計畫、訓練計畫、服務計畫、資訊連線計畫、市占率目標、市場地位排名等。

（六）其他對經銷商要求與配合的事項說明。

二、品牌大廠商區域業務經理應具備的十一項技能與功能

品牌大廠商的區域業務經理 (Regional Sales Manager, RSM) 應負起輔導及提升經銷商業績的任務。而區域業務經理須具備十一項技能，包括：

（一）RSM 應向經銷商的老闆及採購、業務、服務等部門主管，完整的推銷及說明製造商的產品及計畫。

（二）RSM 應對經銷商進行業務、顧客服務、產品、市場、資訊科技知識及流程方面的教育訓練工作。

（三）RSM 應提供定期拜訪時所需的售後服務與技術服務的能力。

（四）RSM 應成為產品專家，對經銷商熱情與專業的推銷此系列產品項目。

（五）RSM 應與經銷商建立互助良好與深度友誼的人際關係。

（六）協調相關廠商的問題、糾紛或意見不同，例如：退貨服務、品質不良品、售後保障服務及銷售……等。

（七）RSM 應協助經銷商完成現代化資訊系統，並與總公司連線完成，雙方同時互享相關資訊情報的流動，以增進雙方的同步作業。

（八）RSM 應對經銷商的財務進行完整與健全化的規劃及推動。

（九）RSM 應提供該區域或跨區的相關市場情報、環境變化，及其他經銷商的作法等資訊情報，提供給經銷商做參考。

（十）RSM 應提供總公司最新的銷售政策、行銷策略與管理政策給經銷商，讓經銷商能夠瞭解、遵守及有效使用。

（十一）RSM 應努力及有方法的激起區域經銷商的銷售動機、作法及熱情，讓他們努力達成總公司希望他們達成的業績目標。

品牌廠商推展業務要項

品牌廠商對全臺經銷商年度簡報重點

1. 今年度總公司與各地區銷售業績及預算目標總檢討

2. 明年度市場、技術、產品、競爭者分析說明

3. 明年度總公司推出新產品計畫說明

4. 明年度全國性廣宣計畫與預算投入說明

5. 明年度各地區經銷商業績目標及獎勵辦法

6. 對經銷商問題的回應說明

品牌廠商地區業務經理應具備技能與功能

1. 協助該地區經銷商年度業績目標達成

2. 協助經銷商各項問題的及時解決

3. 協助該地區經銷商銷售人力的培訓及提升素質

4. 做好總公司與該地區經銷商溝通及協調的良好窗口

大型經銷商的營運計畫書

全國經銷商們在參與及聽完品牌大廠商的報告及計畫之後，接下來，就應該由製造廠的區域業務經理們，安排與旗下區域內負責的經銷商們開會，或要求各地區比較大範圍的大經銷商們，提出他們各自區域範圍內的今年度營運計畫書。

就企業實務來說，大概只有知名大製造廠才會有此要求，中小製造商或中小型經銷商就不太可能寫出此種營運計畫書。經銷商營運計畫書的內容，可能包括：

一、今年度經銷業績檢討

包括：整體業績額、業績量，依產品別、市場別、品牌別、零售商別、縣市別等檢討，或市占率、競爭對手消長狀況、客戶變化狀況、整體市場環境趨勢等。

二、明年度經銷業績目標訂定

包括：整體業績額、業績量目標、產品別、品牌別、縣市別、市場別等業績目標。此外，亦包括經銷區域內的市占率目標、市場排名目標、以及成長率目標等。

三、明年度市場環境 SWOT 分析

(一) 優勢。(二) 弱勢。(三) 商機點。(四) 威脅點。

四、明年度的區域內銷售策略及計畫

(一) 業務覆蓋率。
(二) SP 促銷。
(三) 價格政策及彈性。
(四) 對零售商客戶的掌握。
(五) 獎勵計畫。
(六) 銷售人員與銷售組織及分配計畫。
(七) 各計畫時程表。
(八) 主打產品機型或品項計畫。
(九) 地區性廣告活動及媒體公開計畫。

五、請總公司、總部支援請求事項

以上經銷商年度營運計畫書的撰寫或規劃的訓練，其原則應注意以下幾項：

(一) 盡可能簡單統一，勿太複雜。撰寫格式最好由品牌大廠統一格式項目及寫法。

(二) 計畫與目標應注意到可行性及可達成性，目標及成長率勿高估，避免無法達成。

(三) 大廠商及區域經理們，應定期每週及每月注意經銷商是否達成目標，並且與他們共同討論因應對策，及時監控、考核及調整改變，並協助他們解決當前最大的困難為主。

區域經銷商SWOT與營運計畫書

大型區域經銷商的年度營運計畫書大綱

- 年度營運計畫書大綱
  - 1. 今年度經銷業績檢討
  - 2. 明年度經銷業績目標訂定
  - 3. 明年度市場環境的SWOT分析
  - 4. 明年度的區域內具體銷售策略及計畫
  - 5. 請總公司、總部支援請求事項

大型區域經銷商的SWOT分析

Strength
（公司的優勢、強項）

Weakness
（公司的弱點、劣勢）

Opportunity
（市場商機、機會點）

Threat
（市場威脅、不利點）

一、經銷商的教育訓練

廠商對於經銷商的教育訓練，應該秉持以下幾項原則：

（一）應將教育訓練目標，放在經銷商整個的地區性事業發展目標上，並且提升他們的經營管理與銷售水準。

（二）應將教育訓練與他們所面臨的各種困難與狀況連結在一起，目的很清楚，希望能迅速解決他們的問題，讓他們好做生意。

（三）應將教育訓練以年度培訓計畫為主，用一整年的事前安排及規劃來對待，而不要是片段性、偶爾性、即興性的方式。

（四）應要有考核的一套制度，以確保教育訓練能夠達到預定的成效。

（五）應要有獎勵誘因，從正面激勵下手，可以提升教育訓練良好的成果。

（六）應安排一流的優秀講師，不管是內部或外部講師，要對學員們確實有幫助。

（七）經銷商教育訓練除了正規式與嚴肅性之外，還要考慮到啟發性及有趣性，讓學員們樂於吸收。

二、全臺經銷商教育訓練地點安排

全臺經銷商教育訓練地點安排，大致上有幾個場所可規劃，包括：

（一）總公司大型會議室。（二）總公司附近大飯店宴會場地。（三）各大學附屬推廣教育中心的教室。（四）專業企管或人資培訓機構的教育場所。（五）遊憩景點附近附設的會議室場所。（六）國外總公司也是一個考量的場所。

三、對經銷商教育訓練的著重項目

（一）對總公司本年度經營方針與目標要有所認識。（二）介紹總公司本年度經營與行銷策略。（三）總公司本年度的業績預算目標與達成率要求。（四）本年度主力新產品的介紹、參觀及說明。（五）本年度總公司行銷推廣、廣告宣傳、媒體公關與店頭行銷支援投入的介紹說明。（六）本年度總公司在後勤管理作業支援投入的介紹說明。（七）對經銷商銷售技巧與提案寫法的傳授。

四、對經銷商教育訓練的方式

（一）傳統的單向授課。（二）採取個案式 (Case Study) 互動討論。（三）赴實地、現場參觀訪問及座談。（四）演練及角色扮演 (Role Play)。

五、訓練評估方式

（一）請經銷商撰寫上課學習心得報告，此為事後書面性的報告。

（二）可以做隨堂課後的考試。

（三）可以指定專題，請他們分組討論後，提出專題報告，並且分組競賽。

（四）可用口試或口頭表達方式，進行課後學習心得綜合表達，並上臺報告。

（五）在一段時間後，要觀察學員們在自己工作單位上的績效是否有進步。

品牌廠商對經銷體系的培訓與目的

品牌廠商對經銷商教育訓練三大目的

1. 年度新政策的瞭解
提升他們對公司新

2. 新產品的認識
提升他們對公司推出

3. 能力與管理水準
提升他們達成業績的

品牌廠商對經銷商培訓的方式

1. 傳統單向授課

2. 個案式互動研討

3. 赴實地、現場參觀訪問及座談討論

4. 角色扮演及出題目演練

優良經銷商的挑選與激勵通路成員

一、理想優良經銷商的條件

如果品牌廠商站在強勢全國性品牌立場上，自然有優勢去挑選理想經銷商的條件，這些條件包括：

（一）**產品線的適合度**：即這個經銷商是否以本公司產品線的販售作為他的專長產品。

（二）**經營者的信譽（信用與口碑）**：這個經銷商老闆，在過去以來的十多年中，在此地區做生意，是否已贏得好名聲、好信譽；大家都喜歡跟他做生意。

（三）**地區包括性及覆蓋率**：該地區是否為我們比較弱的地區，而他又能填補我們的迫切需求性。

（四）**業務開拓能力**：該經銷商在過去以來，在該地區的業務拓展能力，是否表現得很理想，包括有很強的業務人員、業務組織、業務人脈關係與業務客戶等。

（五）**財務能力**：經銷商老闆過去是否有穩定且充足的資本與財務能力也是一項關鍵，如果財務能力夠強，就能配合公司大幅拓展市場的要求能力。如果財務能力不穩定或資金不足，就會隨時會倒閉。

（六）**售後服務能力**：光有業績開發力，但售後服務力不佳，也不會得到顧客的滿意度及忠誠度，故服務能力也是經銷商整合能力之一。

（七）**負責人與總公司老闆的契合度**：有時候，兩個老闆在工作上及個人友誼上也很契合、投緣、成為患難之交或好朋友，此亦為評選指標之一。

二、激勵通路成員

品牌大廠商通常對旗下的通路成員，包括經銷商、批發商、代理商或最終的零售商等，大致有幾種激勵手法，包括：

（一）給予獨家代理、獨家經銷權。

（二）給予更長年限的長期合約 (Long-Term Contract)。

（三）給予某期間價格折扣（限期特價）的優惠促銷。

（四）給予全國性廣告播出的品牌知名度支援。

（五）給予店招（店頭壓克力大型招牌）的免費製作安裝。

（六）給予競賽活動的各種獲獎優惠及出國旅遊。

（七）給予季節性出清產品的價格優惠。

（八）給予協助店頭現代化的改裝。

（九）給予庫存利息的補貼。

（十）給予更高比例的佣金或獎金比例。

（十一）給予支援銷售工具與文書作業。

（十二）給予必要的各種教育訓練支援。

（十三）協助向銀行融資貸款事宜。

理想經銷商的要件與激勵方式

理想優良經銷商的條件

1. 產品線適合度

2. 經營者的信譽（信用與口碑）

3. 地區包括性及覆蓋率

4. 業務開拓能力

5. 財務能力

6. 售後服務能力

7. 該負責人與總公司老闆的契合度

如何激勵通路成員

1. 給予獨家銷售權

2. 給予更長經銷權年限

3. 給予更優惠折扣

4. 給予店招牌贊助

5. 給予廣告贊助

6. 給予寬鬆票期

7. 給予出國旅遊

4-9　經銷商績效的追蹤考核

一、經銷商績效考核的十四個主要項目

品牌廠商對經銷商拓展業務績效的考核，大致如下：

（一）最重要的，首推經銷商業績目標的達成。業績或銷售目標，自然是廠商期待經銷商最大的任務目標。因為，一旦經銷商業績目標沒有達成，或是大部分旗下經銷商業績目標都沒有達成，會連帶影響到財務資金的調度與操作。此外，也會影響到市占率目標的鞏固等問題。

（二）其次，對於經銷商拓展全盤事業的推進，還必須考核下列十三個項目：

1. 經銷商老闆個人的領導能力、個人品德操守、經營理念與財務狀況變化？
2. 經銷商的庫存水準是否偏高？
3. 經銷商的客戶量是否減少或增加？
4. 經銷商的業務人員組織是否充足？
5. 經銷商的資訊化與制度化是否上軌道？
6. 經銷商的店頭行銷及店面管理是否良好？
7. 經銷商對總公司政策的配合度如何？
8. 經銷商給零售商的報價是否守在一定範圍內，未破壞地區性行情？
9. 經銷商及其全員的士氣及向心力如何？
10. 經銷商是否求新求變，及不斷學習進步？
11. 經銷商是否正常參與總公司的各項產品說明會或各種教育訓練會議？
12. 經銷商下面的零售商對他們的服務滿意度如何？專業能力滿意度如何？
13. 經銷商是否定期反映地區性行銷環境、客戶環境與競爭對手環境的情報給總公司參考？

二、經銷商績效不佳對象的處理與調整

對經銷商績效不佳的，或是配合度、忠誠度不夠好的，那麼品牌廠商可能會採取一些必要的處理措施與調整作法，包括：

（一）必要性的調降此地區經銷商的業績目標額或相關預算額。

（二）適當的協助、輔導、指正、支援該地區經銷商，改善他們過去的弱項及缺失，希望能夠強化他們經銷能力與工作技能。

（三）對於少數工作表現不佳的經銷商，可能要取消他們的資格或找另一家取代或增加另一家經銷商等措施。

（四）最後，可能總公司會評估是否要改變通路結構。例如：建立自己的地區銷售據點（營業所）、門市店、直營店等，直接面臨大型販售公司或直接由門市店面對消費者等，或是透過網路銷售等改變作法，也是可能的措施之一。

經銷商績效考核與處理

廠商對經銷商績效的考核項目

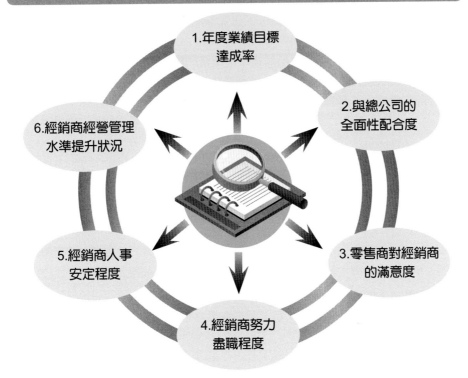

1.年度業績目標達成率

2.與總公司的全面性配合度

3.零售商對經銷商的滿意度

4.經銷商努力盡職程度

5.經銷商人事安定程度

6.經銷商經營管理水準提升狀況

對經銷商績效不佳的處理方式

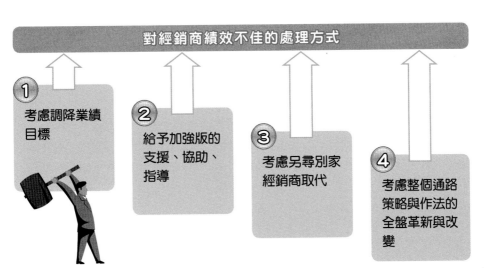

① 考慮調降業績目標

② 給予加強版的支援、協助、指導

③ 考慮另尋別家經銷商取代

④ 考慮整個通路策略與作法的全盤革新與改變

4-10 製造商協助經銷商的策略性原則

一、製造商協助經銷商的五項策略性原則

　　不管是中小型或大型製造商，基本上都會想到如何協助旗下的經銷商增強他們的策略、行銷與管理能力。製造商如果期望他們與經銷商合作成功，應考慮以下五項策略性原則：

　　(一) 行銷與業務策略盡可能簡單：太複雜的策略，經銷商可能無法消化。

　　(二) 強調自身的差異化：應清楚展現相對於競爭對手們，製造商產品或服務性產品的優點、差異性及特色所在，以讓他們比較好把產品推銷出去。

　　(三) 策略應保持一致性：製造商對經銷商的指導及要求策略，應盡可能的一致性、單純性，不要經常改變行銷及業務策略，免得過於混亂。

　　(四) 應選擇適當的推出 (Push) 與拉回 (Pull) 的策略比例：Push 行銷策略的重點在 Push 經銷商多賣產品；Pull 行銷策略則是拉回消費者買我們的產品。

　　Pull 策略比較著重於要製造商運用大眾媒體廣告提升知名度或做促銷型活動拉回顧客。而 Push 策略則比較著重經銷商在店頭的銷售努力、直效行銷活動或密集性的銷貨活動。

　　(五) 更為重視經銷業務能力：最後一項策略性原則，希望將製造商的全國性大眾傳播行銷計畫，轉換為經銷商在第一線業務拜訪及推銷的機會與努力。

二、安排各項活動，讓經銷商對製造商有信心

　　企業實務上，有時候是各大品牌製造商反過來拉攏全國各地有實力的區域經銷商，例如：臺灣地區的手機銷售，就是透過各縣市有實力的經銷商來銷售手機，而這些優良經銷商也很有限，因此，各手機品牌大廠也都爭相示好及拉攏。

　　一般來說，大概有幾種手法，可以使用：

　　(一) 請經銷商們參訪在海外的總公司及工廠：例如：三星及 LG 手機在韓國、MOTO 在美國、SONY 在日本等，而且是全程免費招待，包括機票、食宿、參觀及附加的旅遊觀賞活動等。由於國外總公司、工廠及研發中心都頗具規模，因此都令這些經銷商們大開眼界。

　　(二) 訂定更具激勵性的各種獎勵措施與計畫：包括各種競賽獎金、折價計算、海外旅遊……等誘因。

　　(三) 舉辦全國經銷商大會，振奮士氣：兼具教育型、知識型、工作型、團結型及娛樂型等多元型態，以凝聚經銷商們的向心力及戰鬥力。當然，有時候經銷商大會舉行的地點，並不一定在大都市區內，也會移到風景優美的旅遊地點，以製造不同的感覺。

對經銷商的協助與激勵

製造商協助經銷商五項原則

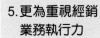

1. 應讓行銷與業務策略盡可能簡單

5. 更為重視經銷業務執行力

2. 強調品牌廠商自身差異化

4. 應選擇適當的Push與Pull的策略比例

3. 應使策略一致性

安排各項活動，讓經銷商對製造商有信心

1. 請經銷商們參訪在海外的總公司及工廠

2. 訂定更具激勵性的各種獎勵措施與計畫

3. 舉辦全國經銷商大會，振奮士氣

4-11 對經銷商的誘因承諾及合約

一、廠商對經銷商誘因承諾及爭取

優良的經銷商畢竟不是處處有，有時候處於相對弱勢的中小企業廠商，不容易找到地區好的、優秀的、強勢的地區經銷商。因此，這些廠商經常也會提供下列比大廠更為優惠的誘因條件及承諾，包括：

（一）全產品線經銷。　　　　　　　　　（八）促銷活動補貼。
（二）快速送貨。　　　　　　　　　　　（九）付款及票期條件放寬。
（三）優先供貨。　　　　　　　　　　　（十）協同銷售支援。
（四）不包底、不訂目標達成額度。　　　（十一）加強培訓支援。
（五）價格不上漲。　　　　　　　　　　（十二）展示支援。
（六）廣告補貼。　　　　　　　　　　　（十三）庫存退換方案。
（七）店招補貼。　　　　　　　　　　　（十四）其他特別承諾。

二、經銷合約內容

有關地區性經銷商合約的內容，其範圍大致包括下列項目：

主　題	考　　　　量
產品	授予分銷商購買和銷售附件所列出的產品的權利，附件的內容可能不時更新。
地域	授予分銷商權利，在附件中所界定的地域、市場或責任領域，販售製造商的產品，附件內容可能不時更新。製造商可以保留在該地域增加其他分銷商的權利。
表現標準	詳細說明雙方將盡最大的努力去達成附件內指明的表現標準，而附件內容可能不時更新。
定價與條款	詳細說明在不用預先知會的情況下，價格可能變動。
合約期期	永久(Evergreen)或固定期限(Fixed Term)。
直接銷售	製造商保留直接銷售和全國客戶的權利。
商標的使用	說明預期和指導方針。
可適用的法律	確認該合約受哪個地方的法律規範。
終止合約	詳細說明原因、時間和利益。
限制	配合產業和環境。

資料來源：陳瑜清、林宜萱（譯），《通路管理》，頁106。

經銷誘因與合約項目

對經銷商誘因與承諾

① 全產品線經銷承諾
② 優先供貨、不缺貨承諾
③ 不包底、不訂目標達成額度承諾
④ 價格不上漲承諾
⑤ 店招牌及廣告贊助承諾
⑥ 付款期條件放寬承諾
⑦ 協助人員培訓承諾
⑧ 協同出去銷售拜訪承諾
⑨ 庫存退換承諾

經銷合約內容項目

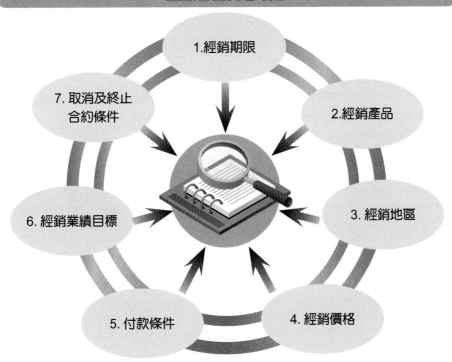

1.經銷期限

7. 取消及終止合約條件

2.經銷產品

6. 經銷業績目標

3. 經銷地區

5. 付款條件

4. 經銷價格

一、銷售額成長率分析

分析銷售額的增長情況。原則上，經銷商的銷售額有較大幅度增長，才是優秀經銷商。業務員應結合市場增長狀況、本公司商品的平均增長等情況來分析、比較。如果一位經銷商的銷售額在增長，但市場占有率、自己公司商品的平均增長率不漲反降的話，那麼可以斷言，業務員對這家經銷商的管理並不妥善。

二、銷售額月別統計分析

分析年度、月別的銷售額，同時，檢查所銷售的內容。如果年度銷售額在增長，但各月分銷售額有較大的波動，這種銷售狀況並不健全。經銷商的銷售額呈現穩定增長態勢，對經銷商的管理才稱得上是完善的。平衡淡旺季銷量，是業務員的一大責任。

三、銷售額占比分析

即檢查本公司商品的銷售額占經銷商銷售總額的比率。

如果本企業的銷售額在增長，但是自己公司商品銷售額占經銷商的銷售總額的比率卻很低的話，業務員就應該加強對該經銷商的管理。

四、費用增加比率分析

銷售額雖然增長很快，但費用的增長超過銷售額的增長，仍是不健全的表現。

打折扣便大量進貨，不打折扣即使庫存不多也不進貨，並且向折扣率高的競爭公司退貨，這不是良好的交易關係。經銷商對你沒有忠誠，說明你的客戶管理工作不完善。

五、貨款回收的狀況分析

貨款回收是經銷商管理的重要一環。經銷商的銷售額雖然很高，但貨款回收不順利或大量拖延貨款，問題更大。

六、瞭解公司的政策

業務員不能夠盲目地追求銷售額的增長。業務員應該讓經銷商瞭解企業的方針，並且確實地遵守企業的政策，進而促進銷售額的增長。

一些不正當的作法，如擾亂市場的惡性競爭等，雖然增加了銷售額，但損害了企業的整體利益，是有害無益的。因此，讓經銷商瞭解、遵守並配合企業的政策，是業務員對經銷商管理的重要策略。

七、銷售品種的分析

業務員首先要瞭解，經銷商銷售的產品是否為自己公司的全部產品，或者只是一部分而已。經銷商銷售額雖然很高，但是銷售的商品只限於暢銷商品、容易推銷的商品，至於自己公司希望促銷的商品、利潤較高的商品、新產品，經銷商卻不願意銷售或不積極銷售，這也不是好的作法。業務員應設法讓經銷商均衡銷售企業的產品。

對經銷商經營管理的20項要點

銷售額成長率分析

銷售額月別統計分析

銷售額占比分析

費用增加比率分析

貨款回收狀況分析

瞭解公司企業的政策

銷售品種的分析

商品的陳列狀況

商品的庫存狀況

促銷活動狀況

對經銷商訪問計畫安排

訪問狀況分析

業務員與經銷商
關係如何

經銷商支持公司的
程度

訊息傳遞如何

雙方意見交流

對總公司關心程度

對總公司評價如何

業務員提出建議
的頻率

經銷商資料的
整理與建置

八、商品的陳列狀況分析

商品和經銷商店內的陳列狀況，對於促進銷售非常重要。業務員要支持、指導經銷商展示、陳列自己的產品。

九、商品的庫存狀況分析

缺貨情況經常發生，表示經銷店對自己企業的商品不重視，同時也表明，業務員與經銷商的接觸不多，這是業務員嚴重的工作失職。經銷商缺貨，會使企業喪失很多的機會，因此，做好庫存管理是業務員對經銷商管理的最基本職責。

十、促銷活動的參與情況分析

經銷商對自己公司所舉辦的各種促銷活動，是否都積極參與並給予充分合作？每次的促銷活動都參加，而且銷售數量也因而增長，表示經銷商的管理得當。經銷商不願參加或不配合公司舉辦的各種促銷活動，業務員就要分析原因，據以制定對策。沒有經銷商對促銷活動的參與和配合，促銷活動就會浪費錢、沒效果。

十一、訪問計畫安排

對經銷商的管理工作，主要是透過推銷訪問而進行。業務員要對自己的訪問工作進行一番檢討。

許多業務員常犯的錯誤是，對銷售額比較大或與自己關係良好的經銷商，經常進行拜訪；對銷售額不高卻有發展潛力，或者銷售額相當高但與自己關係不好的經銷商，訪問次數便少。這種作法是絕對要避免的。

十二、訪問狀況分析

業務員要對自己拜訪經銷商的情況進行分析。一是制定的訪問計畫是否認真執行。如計畫每天拜訪幾家經銷商，然後與實際情況進行比對，如果每個月的計畫達成率不高的話，業務員就要分析原因。二是業務員要做建設性的拜訪，即業務員的每次拜訪，都會對經銷商的經營理工作有幫助，經銷商歡迎業務員的拜訪，不認為業務員的拜訪是麻煩，這樣才算是成功的拜訪。

十三、人際關係如何

業務員和經銷商之間良好的感情關係，會促進銷售工作。與經銷商保持良好的關係，是推銷工作的重要內容。業務員要經常檢討自己與客戶的關係如何，設法加深與客戶的感情關係。

十四、支持程度如何

業務員應該確定經銷商到底是支持自己的公司，還是競爭對手。如經銷商是否優先參加自己公司的促銷活動？最新產品的推廣是否按照自己公司的規定而做？在競爭愈來愈激烈、商品與交易條件又無太大差別的情況下，業務員能否贏得經銷商的支持，這對產品銷售影響很大。因此，業務員得到經銷商的積極支持是相當重要的管理工作之一。

業務員與經銷商的往來關係

業務員訪問經銷商應該詢問的問題重點

1. 最近銷售狀況好不好？為何好？為何不好？

2. 市場狀況如何？消費者狀況如何？

3. 競爭對手狀況如何？有何消息？

4. 對總公司有何建議及請求事項？

 業務員應與轄區內經銷商保持良好互動關係

| 1.
定期拜訪，
虛心求教！ | + | 2.
真心協助他們！ | + | 3.
幫助他們達成業績！
讓他們能夠賺錢！ |

十五、訊息的傳遞如何

所謂「訊息的傳遞」，是指業務員要將公司制定的促銷計畫傳達給經銷商，然後，業務員再瞭解經銷商是否確實按照公司規定的方法進行，或者是否積極地推銷自己公司的產品。

如果發現經銷商未能按照公司的規定去做，這便表明經銷商的營運體制發生了問題。有時候，業務員必須針對「追蹤的問題」，設法改善管理經銷商的相關辦法。

十六、雙方意見交流

業務員應經常與經銷商交換意見。業務員不妨反省一下自己，自己與一些重點的經銷商是否經常交換意見？如果不曾有過這種關係的話，業務員就要考慮如何改善與經銷商之間的人際關係。

意見交流與商談應同時進行，這樣可強化彼此之間的關係。

十七、對總公司關心程度

經銷商對自己公司的關心程度，對自己公司是否保持積極的態度，這也是對經銷商管理的一個重要層面。

業務員要經常向經銷商說明自己公司的方針和政策，讓對方不時保持關心和期望。

十八、對總公司的評價

自己公司的地位對經銷商來說，是否舉足輕重？換句話說，經銷商是否積極的期望增加銷售額？業務員應該確立自己在經銷商心目中的地位。

十九、業務員建議的頻率

業務員負責的經銷商各有特色，因此對經銷商的管理也應配合經銷商的特點，才能夠做到事半功倍的效果。

每個經銷商應該採取什麼樣的戰略，根據這個戰略，業務員應該提出什麼樣的建議等，都必須事先加以分析。

業務員如果積極地實行經銷商管理的話，對經銷商提出建議的頻率也會大大地增加。

二十、經銷商資料的整理與建置

業務員對於經銷商的銷售額統計、增長率、銷售目標等能夠如數家珍的話，即表明他對經銷商的管理工作做得很好，同時對經銷商的管理也很完善。

相反地，業務員如果對經銷商的各種資料一無所知，只知道盲目推銷，即使銷售額有增加，也是短期現象。因此，記錄、整理經銷商資料，是相當重要的工作。

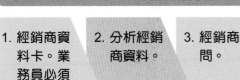

管理經銷商工具與爭取認同

對經銷商管理的方法工具

1. 經銷商資料卡。業務員必須定期地檢查經銷商資料卡。

2. 分析經銷商資料。

3. 經銷商訪問。

4. 利用經銷商到公司走訪、業界訊息進行管理工作。

5. 資訊電腦化連線管理。

爭取經銷商的認同與向心力

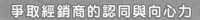

業務員應認真向經銷商闡述

1. 公司的政策與方針！

2. 公司的競爭優勢與市場地位！

3. 公司全力支持、支援各位經銷商！

經銷商資料庫建置

1. 經銷商負責人資料

2. 經銷商業績規模

3. 經銷商主力產品線及主力銷售區

4. 經銷商人力數量、貨車數量、組織表、倉儲空間

5. 經銷商付款結帳記錄如何

6. 經銷商與該區零售商關係如何

7. 經銷商未來成長潛力

8. 經銷商財力背景

Date _____/_____/_____

第 5 章
零售業的型態功能及主要業態

5-1　日本零售業態六大發展階段

一、日本流通大轉換，推動零售業態六階段發展

日本流通零售業態近幾十年來，出現很大變化，各年代有不同的成長型業態：

(一) 百貨公司盛行年代（約 1960～1970 年代）。

(二) 綜合超市盛行年代（約 1970～1980 年代）。

(三) 便利商店連鎖盛行年代（約 1980～1990 年代）。

(四) 低價折扣量販店或專賣店盛行年代（約 1990～2000 年代）。

(五) 大型購物中心（2000 年代起）。

(六) 電子商務盛行年代（2005～迄今）。

上述此種變化，日本人稱之為「流通大轉換的時代」或是「日本型流通崩壞的時代」，此即指流通業的型態不斷在轉換之中，舊的業態呈現無情的下滑。例如：現在百貨公司或超市，在日本已走向成熟飽和且微幅衰退的現象，並不是一個熱門或成長型的流通業。反之，一些低價折扣型的量販店或專賣店，則日益受歡迎。

這有一大部分因素是受到日本大環境影響，因為自 1990 年開始，日本經濟步入零成長期，市場景氣低迷，存款利率低到零，消費不振，GNP 經濟成長只有 1% 而已，國民所得停滯……。此狀況促使平價的零售流通業者崛起，例如：一些低價的資訊 3C 連鎖店、藥妝／美妝連鎖店、100 日圓專賣店等，均在 2000 年後迅速成長。隨後從 2005 年起，電子商務零售更是出現驚人的巨幅成長。

二、日本零售企業隨政治經濟社會發展，跌宕起伏

二戰以後日本零售業的發展大致可分為以下五個階段：

第一個時期（1945～1959）：日本經濟復興期和高速經濟增長初期。二戰以後，百貨行業恢復經營，雖然政府為保護中小零售業主的利益，推出「百貨店法」，但依然阻擋不了百貨行業的快速發展。

第二個時期（1960～1973）：經濟高速增長的鼎盛時期。這個時期流通領域出現了商社大型化、連鎖超市快速發展，逐漸從「百貨時代」進入到「超市時代」。

第三個時期（1974～1983）：石油危機後的低速增長期。第一次石油危機後，日本經濟進入了低速增長期。大型零售企業開始轉向經營多元化和業態多元化。同時日本零售企業開始涉足海外市場，進一步擴大經營範圍。

第四個時期：（1984～1989）：泡沫經濟的瘋狂期。80 年代後期，正值日本泡沫經濟時期，瘋狂的消費行為支撐了百貨店的收益增長，其收入出現了大幅增長，1989 年百貨店銷售額增速達到了 10.1%。

第五個時期（1990～至今）：日本經濟進入低速增長期。日本零售業進入了高度成熟時期，同時無店鋪銷售與電子商務得到快速發展。

1. 百貨公司盛行年代
（1960～1970年）

2. 綜合超市盛行年代
（1970～1980年）

3. 便利商店連鎖盛行年代
（1980～1990年）

4. 低價折扣量販店
專賣店盛行年代
（1990～2000年）

5. 大型購物中心盛行
（2000年起）

6. 電子商務零售盛行年代
（2005～迄今方興未艾）

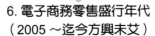

第五章　零售業的型態功能及主要業態

089

5-2 零售業態展開的三種理論假說

有關零售業態發展的理論中，比較知名的有以下幾種：

一、「零售之輪」理論 (Wheel of Retailing)

此理論是 1958 年麥克‧奈爾 (M.P. McNair) 所提出的，他主要是以知名的經濟學家熊彼得 (J.A. Schumpeter) 所提出的「創造性破壞」(Innovative Destruction) 為基礎，認為資本主義經濟的發展型態，即是均衡→革新與破壞→新的均衡形成。此概念亦適用於零售業。

零售之輪主要是指零售業的業態發展，就如同車子的輪子一樣，會巡迴輪轉再輪轉：(一) 剛開始的零售業態是以低價為訴求，它們位在低廉的地區、產品毛利低、裝潢不講究、服務不講求，全力控制不必要的成本，東西便宜就好。因此，早期美國倉儲型量販店與折扣商店極受歡迎，即為此類型店。(二) 隨著國民所得提高，教育水準提升，各種高級百貨公司、高級超市、連鎖店等均出現了。(三) 隨著時代環境巨變，商品供過於求，景氣逐漸低迷，市場競爭激烈，人民所得高到某一點之後即停滯不前；因此，此刻的零售業者訴求的是價格競爭力，但與第一階段的低價、低品質不相同。第三階段的零售之輪，已進步到「低價、高品質」或「平價奢華」、或「平價時尚」的 21 世紀新零售時代。

二、零售業生命週期理論 (Retail Life Cycle)

第二個零售業態的理論是「生命週期理論」，此與大家所熟知的「產品生命週期」意思大致相近。零售業的市場發展生命也歷經了四個週期：

(一) 零售的創新導入期。
(二) 零售的加速成長與普及期。
(三) 零售的成熟飽和期。
(四) 零售的衰退期或消滅期。

當然，對大部分存在的零售業而言，都是處在成熟飽和期，其次則是成長期，最後則是導入期與衰退期。

三、零售業的適者生存論（進化論）

第三個零售業態的理論，即「適者生存法則」的生態競爭與進化理論。此理論係指零售業的發展，其實是反映了整個外部大環境的變遷、改變，以及競爭者出現。這些改變，包括了消費的結構、技術革新、流通的公共政策、文化環境、人口結構、家庭結構、供應商與競爭者、消費者價值觀、所得與教育的提升、全球化發展、都會區形成、交通與物流配合、資訊與網際網路的普及等影響下，唯有能快速因應環境而改變、創新、進步，並滿足每一個時代消費者需求，這些零售業態及零售公司即能存活下來；反之，不能適應及進步的，就被時代與消費者淘汰。

零售之輪的形成演進

👉 「零售之輪」三階段

第一階段 ➡	低價、低品質、低裝潢、低服務
第二階段 ➡	高價、高品質、高級裝潢、高級服務
第三階段 ➡	低價、高品質、平價奢華、平價時尚

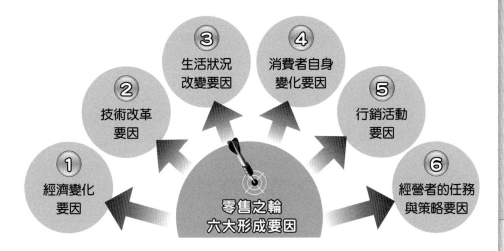

③ 生活狀況改變要因

④ 消費者自身變化要因

② 技術改革要因

⑤ 行銷活動要因

① 經濟變化要因

⑥ 經營者的任務與策略要因

零售之輪六大形成要因

091

「零售之輪」理論與零售業態的進化

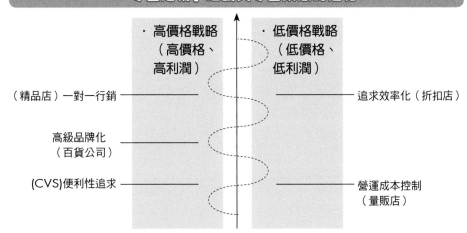

· 高價格戰略（高價格、高利潤）　　· 低價格戰略（低價格、低利潤）

（精品店）一對一行銷 ———————　——— 追求效率化（折扣店）

高級品牌化（百貨公司） ———————

(CVS)便利性追求 ———————　——— 營運成本控制（量販店）

5-3 零售與批發的意義與功能

一、零售的意義

零售 (Retailing) 即是指零售店對最終的消費者個人，展開銷售實體商品或服務性商品的活動過程。

例如：你到便利商店買一瓶飲料、買一份報紙，或到量販店買一箱泡麵、一打洗髮精；或到百貨公司買一套衣服或一雙鞋子等等，這些都是屬於零售的範圍。

二、批發的意義

批發 (Whole Saling) 則是指銷售的對象並非是消費者個人，而是為了再銷售目的的商人或公司行號。

例如：某大型飲料工廠賣 10 萬瓶茶飲料給某地區的飲料批發商，然後這些批發商再把飲料銷售給各地方的零售商店。此即「批發」之意，即把貨批進來，然後再發送出去。

三、零售與批發簡介

(一) **零售**：即是 B2C (Business to Consumer)，企業對個人消費者。

(二) **批發**：即是 B2B (Business to Business)，企業對企業的生意。

四、零售的功能

零售或零售業者在行銷通路架構中的功能，主要有以下幾項：

(一) 市場調查與商品計畫。

(二) 小量、少量的銷售機能，例如：一瓶、一個、一雙、一份、一套、一本的賣，而非一打在賣。

(三) 品質控制的機能。

(四) 庫存適當的保有量。

(五) 向批發商或工廠進貨、訂貨的機能。

(六) 資訊情報提供給上游廠商或批發商的機能。

(七) 價格的訂定（最終零售價）。

(八) 店址的適當性及相關店內設備的提供。

(九) 為地區的人力僱用提供機會。

(十) 相關售後服務的提供。

(十一) 據點盡可能增多，以提高消費者購物的便利性。

另外，也有學者專家提出不完全相同的零售業任務或機能，如右圖所示。

零售業的任務或機能

零售業

| (1)人員管理及訓練 | (2)陳列 | (3)清潔環境 | (4)產品組合規劃 | (5)廣告、促銷、宣傳 | (6)市場調查與顧客情報管理 | (7)進貨與庫存量控管 |

有效集客力

達成及提高每日、每月業績量

零售與批發、經銷的不同

零售 ➡ B2C 的生意

· 批發
· 經銷 ➡ B2B 的生意

日本與美國零售業的分類

一、日本零售通路的分類

日本政府對零售業的分類標準如下：

(一) 各種商品零售業：百貨公司、購物中心、量販店、便利商店及超市。

(二) 服飾品零售業：女裝、男裝、童裝、傳統服飾、寢具。

(三) 食品飲料零售業：酒品、鮮魚、肉品、飲料、餅乾、麵包、蔬果、其他。

(四) 汽車與自行車零售業：汽車、自行車。

(五) 家具及機械工具零售業：家具、建築工具、機械工具。

(六) 其他零售業：化妝品、醫藥品、文具用品、書籍、運動用品、娛樂用品、樂器、影印機、眼鏡、鐘錶、電腦、數位家電、其他等。

二、美國零售通路的類型

美國零售業態可區分為店鋪型態及無店鋪型態二大類。店鋪型態又可分為食品與非食品兩種；而無店鋪型態又可分為自動販賣機、直接銷售及直接行銷三種。

三、日本二大零售百貨集團簡介

(一) 永旺集團

永旺集團是由 169 家公司組成的大型跨國零售集團。該集團以零售業務為主，包括百貨、超市購物中心、便利店、藥店、專賣店等零售業態，集團還涉足金融服務、餐飲娛樂服務等相關服務。截至 2020 年，集團共擁有 470 多家百貨門店，730 多家超市門店。主要覆蓋日本、中國、香港、臺灣、泰國、馬來西亞、越南、美國等 10 個國家與地區。其中百貨超市業務收入占總收入的 70%、金融與其他服務占 18%、藥店與專賣店業務占 9%、購物中心運營業務占 3%。

(二) 三越伊勢丹

2008 年 4 月 1 日，日本百貨零售排名第四和第五的「三越百貨」和「伊勢丹」宣布合併成立「三越伊勢丹」百貨公司。三越百貨是日本最古老的百貨公司之一，迄今已近 350 年歷史。1904 年三越股份有限公司成立，1914 年開出日本現代意義上的第一家百貨店——三越百貨日本橋店。三越百貨引入歐美百貨店模式，並定下日本百貨店經營風格，定位高檔豪華，主攻中產階級，為目標消費者提供化妝品、服裝、首飾、箱包等商品，及優雅高檔的購物環境、貼心服務。為了使兩家零售公司更融合，制訂了三年戰略規則。第一、面臨客戶多樣化的需求與價值觀，加強與客戶的聯繫，重新審視與供應商的關係，提供更加豐富的商品，重塑百貨業形象；第二，促進三越和伊勢丹的結構改革，提高重組效率；第三，面對日益萎縮的日本市場，應增加更廣泛服務功能，同時加強對新興歐洲市場的擴展。

美國零售業態性質分類

美國主要零售業態簡介

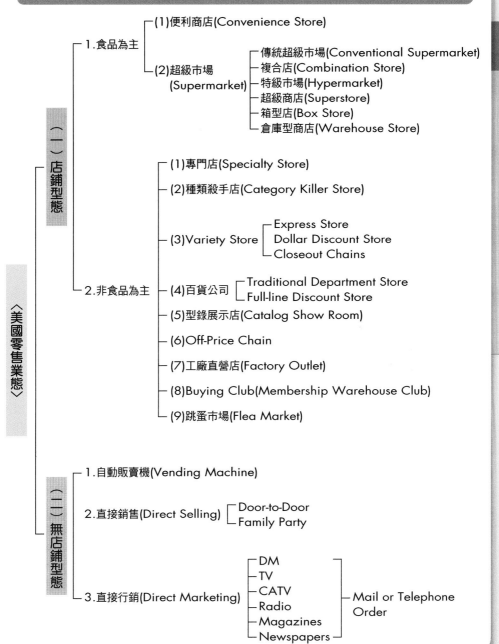

〈美國零售業態〉

（一）店鋪型態
- 1.食品為主
  - (1)便利商店(Convenience Store)
  - (2)超級市場(Supermarket)
    - 傳統超級市場(Conventional Supermarket)
    - 複合店(Combination Store)
    - 特級市場(Hypermarket)
    - 超級商店(Superstore)
    - 箱型店(Box Store)
    - 倉庫型商店(Warehouse Store)
- 2.非食品為主
  - (1)專門店(Specialty Store)
  - (2)種類殺手店(Category Killer Store)
  - (3)Variety Store
    - Express Store
    - Dollar Discount Store
    - Closeout Chains
  - (4)百貨公司
    - Traditional Department Store
    - Full-line Discount Store
  - (5)型錄展示店(Catalog Show Room)
  - (6)Off-Price Chain
  - (7)工廠直營店(Factory Outlet)
  - (8)Buying Club(Membership Warehouse Club)
  - (9)跳蚤市場(Flea Market)

（二）無店鋪型態
- 1.自動販賣機(Vending Machine)
- 2.直接銷售(Direct Selling)
  - Door-to-Door
  - Family Party
- 3.直接行銷(Direct Marketing)
  - DM
  - TV
  - CATV
  - Radio
  - Magazines
  - Newspapers
  - Mail or Telephone Order

一、零售的業態分類

零售的業態分類，大致有以下幾種：

(一) 百貨公司 (例如：新光三越、遠東 SOGO 百貨、遠東百貨、微風百貨)。

(二) 藥妝、美妝專賣店、連鎖店 (例如：屈臣氏、康是美、寶雅等)。

(三) 量販店 (家樂福、大潤發、愛買、COSTCO)。

(四) 超市 (全聯)。

(五) 便利商店 (7-11、全家、萊爾富、OK、美廉社)。

(六) 居家用品店 (B&Q 特力屋、Homebox 好博家)。

(七) 大型購物中心 (台北 101、微風廣場、大遠百、高雄夢時代、新竹遠東巨城購物中心)。

(八) 電視購物 (東森、富邦、viva)。

(九) 網路購物 (博客來、PChome、Yahoo、momo、蝦皮購物、東森網、生活市集)。

(十) 型錄購物 (momo 及東森)。

(十一) 直銷 (人員訪問販賣，如雅芳、安麗等)。

(十二) 自動販賣機 (飲料居多)。

(十三) 傳統菜市場。

(十四) 資訊 3C 大賣場 (燦坤、全國電子、順發 3C、大同 3C)。

(十五) 名牌精品店 (LV、Gucci、Dior、Cartier 等)。

(十六) 暢貨中心 (Outlet)：三井、華泰、禮客。

二、消費者選擇零售店的六項基準

一個比較理想的零售店或店址，應該具備下列幾項特性：

(一) 立地的便利性 (利用道路、交通狀況、時間距離、停車場有無)。

(二) 商品的適合性 (品質、品項、商品多樣性)。

(三) 價格的妥當性 (價格與其他店鋪的競爭性、消費者的接受性)。

(四) 銷售的努力及服務性 (店員的禮貌、專業、廣告宣傳、配送、安裝)。

(五) 商店的快速性 (商店的裝潢、陳列、動線、燈光)。

(六) 交易後的滿足感 (使用後滿足感、物超所值)。

如下圖所示：

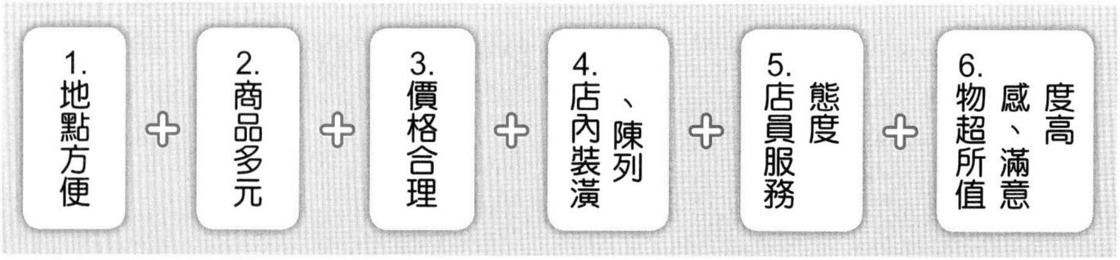

1.地點方便	+	2.商品多元	+	3.價格合理	+	4.店內裝潢、陳列	+	5.店員服務態度	+	6.物超所值、滿意度高感

國內零售業分類產值

國內各類型零售業總產值

(1)百貨公司	(2)便利商店	(3)超市	(4)量販店	(5)其他業（美妝、藥妝、資訊3C、家電等）	合計
3,400億	3,400億	2,000億	2,000億	1,500億	1.4兆

國內二大零售行業別年產值成長趨勢圖

營收　　營收單位：億元　百貨公司 ●　　便利商店 ●

(百貨公司) 3,400億

3,400億 (便利商店)

百貨公司：2,135　2,116　2,252　2,248　2,319　2,511　2,702　2,800　2,886

便利商店：1,889　2,055　2,097　2,120　2,121　2,305　2,460　2,677　2,761

2005　2006　2007　2008　2009　2010　2011　2012　2013　2020　年分

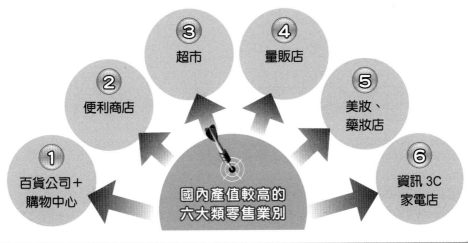

① 百貨公司＋購物中心
② 便利商店
③ 超市
④ 量販店
⑤ 美妝、藥妝店
⑥ 資訊3C家電店

國內產值較高的六大類零售業別

5-6 便利商店的意義、特色及四大連鎖公司

便利商店已成為國內重要的零售通路，全國大約有 1、2 萬家左右，其中連鎖店占 1 萬多家，已成為飲料、食品、咖啡、菸酒、書報、麵包、便當等商品最有力的銷售通路。

一、意義（特色）

便利商店 (Convenience Store, CVS) 係指營業面積在 20 至 50 坪之間，商品項目在 1,000 種以上，單店投資在 200 萬元之內的商店。

便利商店之特色，乃提供消費者以下特色：

（一）**時間上的便利**：24 小時營業，全年無休。

（二）**距離上的便利**：徒步購買時間不超過 5 ～ 10 分鐘。

（三）**商品上的便利**：所提供之商品，均係日常生活必需常用之物品。

（四）**服務上的便利**：人潮不群聚，不必久候購物或付款。

二、類別

目前國內的超商體系，依其來源區分，可分為以下三類：

（一）**美國系統**：如統一超商（7-11），但 7-11 美國總公司的股權，已大部分被日本伊藤洋華堂零售集團買走，故美國 7-11 的幕後大股東及操控者，其實已屬日本 7-11 公司了。

（二）**日本系統**：如全家超商 (Family Mart)，為日本伊藤忠大商社所投資。

（三）**國產系統**：萊爾富超商 (Hi-Life)，屬光泉食品公司所有。

三、臺灣四大便利商店總店數突破 11,000 店，統一超商占一半

四大超商 2020 年底總店數首度突破 11,000 家大關。其中，以統一超商淨增加 317 店最多，統一超商 2020 年邁入成立 40 年，維持快速展店的策略不變，總店數已突破了 5,900 家大關，約占國內超商家數一半。另外，全家約 3,700 店，萊爾富 1,417 店，OK 便利店約 900 家。

小博士的話

便利商店，在日本等地區又稱為 CVS（從英文 Convenience Store 縮寫而來），緣起於美國公路邊的加油站附設小店，但 1980 年代東亞都市化後，在人口密集地區特別流行，並擴散到許多國家的都市，通常指規模較小，但貨物種類多元、販售民生相關物資或食物的商店，其中也包含加油站商店，通常位於交通較為便捷之處，便利商店有時被當作小型超市。

便利商店的開始應是在 1930 年，美國南方公司於美國達拉斯 (Dallas) 開設了 27 家圖騰商店，並於 1946 年將營業時間延長為早上 7 點到晚上 11 點，所以將商店命名為 7-11。

國內超商特色與版圖比較

四大超商店數比一比

連鎖店名	成立時間	店數	大店型比重
7-11（統一超商）	1979	5,900 店	8 成
Family Mart（全家）	1988	3,700 店	7 成
Hi-Life（萊爾富）	1989	1,417 店	4 成
OK-Mart（OK）	1988	900 店	2 成

便利商店的四項便利特色

1. 時間上便利！
（24 小時全年無休）

4. 服務上便利！
（快速，結帳不必等太久）

2. 距離上便利！
（5 ～ 10 分鐘內步行）

3. 商品上便利
（日常生活、飲食、及服務必需品）

5-7 便利商店朝向大店化與創造差異化

一、全臺便利商店突破 1.1 萬店，並改裝店型，朝向大型店

據最新統計數字顯示，全臺便利商店總數正式突破 1.1 萬家，依舊是全世界便利商店密度最高的國家。雖然密度高，但國內四大便利商店，包括 7-11、全家、OK、萊爾富仍信心滿滿對外喊出展店及改裝新店型計畫。一場通路移轉革命，已然正式引爆。

臺灣便利商店密度高，並早已滲入國人的生活，而便利商店從一開始的美式風格到日式風格，從大坪數到小坪數，現在又回到大坪數店型，全臺總店數一度停留在 9,800 家左右很長的時間，如今終於突破 1.1 萬家。而隨著大店型的增加，商品結構也逐漸轉變，鮮食已成了最重要的主角，關東煮、飯糰、咖啡是基本配備，現在連有沒有廁所也成了便利商店之間較勁的條件之一。

據各大便利商店的業績來看，新店型（較大店，至少 35 坪以上，有座位）的門市，較一般傳統門市營收至少多 2 至 3 成左右，也因此，3、4 年前，7-11、全家、萊爾富就已著手改裝店型。目前新店型的占比，7-11 已占 8 成，全家 7 成，萊爾富也占了 5 成左右。

7-11 展店速度快，目前已突破 5,900 家大關， 9 成的門市有座位區，30 坪以上的門市則占 8 成。統一超商表示，未來基本上會以展大店為主，但還是會考量商圈屬性。

二、各公司努力創造差異化，提升店體質

在規模競爭優勢的帶動下，統一超商 2020 年營收超越 1,500 億元大關，開始發展自有品牌來提升整體毛利，而相對缺乏優勢的便利商店業者，則發揮差異化商品的策略，希望能提供消費者不同的服務。

便利商店業者認為，對於未來內需景氣仍然不敢樂觀，如何穩住既有的市場成為工作重點，因此在行銷與展店策略上也將趨於保守，希望能積極調整體質，把既有的據點業績做到最好。

便利商店為何朝向大店化的原因

1. 為了增加餐飲座位區！

2. 可以有效提高鮮食、便當、麵食、咖啡之銷售業績！

3. 整體而言，有效帶動客人流量及總業績！

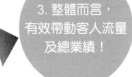

便利商店如何提升店體質、店利潤

1. 改為大型店

2. 增加鮮食的比例

3. 增加自有品牌

4. 創新產品／服務（如：咖啡、小包裝蔬果、賣高鐵票、賣演唱會票……等）

5-8 臺灣便利商店不斷成長原因

一、便利商店持續成長原因

臺灣便利商店的密度與普及度全世界最高，帶給消費者相當的便利性。

雖然臺灣四大便利商店的總店數已超過 1.1 萬家，但仍然呈現持續成長態勢，並沒有飽和停滯現象。茲列出便利商店家數及業績不斷成長之原因：

（一）**24 小時營業**：24 小時不休息營業，甚至過年春節也無休，帶給消費者很大時間上的便利性。

（二）**密布各地，非常便利**：此外，還有地點上的高度便利性，因為，全臺密布 1.1 萬家便利商店，尤其臺北都會區，幾乎只要走個 3 ～ 5 分鐘，就可以看到便利商店。

（三）**商品不斷創新改變，迎合消費需求**：在商品組合供應上，便利商店也不斷的調整改變，以更符合消費者的生活需求。尤其，在吃的方面，各種口味御便當、義大利麵、三明治、飯糰、漢堡、小火鍋、關東煮、咖啡等非常多元化；此外，還有 ibon 可以買票、ATM 可提款轉帳，非常方便。

（四）**服務品質佳**：在服務水準方面，店員也訓練得不錯，消費者有好的感受。

（五）**推出平價自有品牌**：在推出自有品牌產品方面，各家便利商店也不遺餘力，不斷推出各種平價自有品牌產品，滿足消費者需求。包括 7-11 的「iseLect unidesign」及「7-11」自有品牌，全家便利商店的「Fami-Collection」自有品牌等均是。

（六）**推出餐飲座位區**：便利商店近幾年創新推動的餐飲座位區也很成功，帶動了來客數及總業績的增加。

以上這些不斷創新求變的舉動，造就了便利商店產業持續保持成長動能，而不會飽和與衰退。

二、國人喜愛便利商店，年來客數達 30 億人次，年消費 3,400 億元

公平會統計，2020 年主要連鎖便利商店總來客數 30 億人次，消費總額高達 3,400 億元，顯示便利商店已成為國人日常生活高度依賴的零售通路。

公平會表示，近年來便利商店不斷開發各式新商品，並採用大店鋪策略設置座位區，讓便利商店除了購買日常用品，也可讓客戶留下來用餐、休憩。

為了拓展服務品項，便利商店積極異業結盟，並以電子商務平臺整合商流、物流、金流及資訊流，提供商品與服務的多元化與多樣性，以吸引新客源、增加客戶黏著度及消費金額。

從民眾消費習慣來看，購買食品類比率最高，服務項目以購買休閒旅遊票券類最熱門。

便利商店成長概況

近年便利商店營收成長概況

年度	營業額（億元）	年增率（%）	營業店數（家）	年增率（%）
2008	2,120	1.1	9,195	1.64
2009	2,121	0	9,233	0.41
2010	2,305	8.7	9,424	2.07
2011	2,460	6.7	9,739	3.34
2012	2,677	8.8	9,868	1.32
2013	2,761	3.1	9,958	0.91
2015	3,000	4.8	10,131	1.74
2020	3,400	3	11,000	1.5

資料來源：經濟部統計處

臺灣便利商店不斷成長原因

1. 24 小時全年無休營業
2. 密布各地，非常便利
3. 商品不斷創新改變，迎合消費者需求
4. 服務品質佳
5. 推出平價自有品牌
6. 推出餐飲座位區
7. 推出網購貨到店取服務

去年來客數30億人次，年消費3,400億元

全臺便利商店來客數
達 30 億人次數

＋

便利商店總產值消費金額
3,400 億元

5-9 便利商店經營成功八項基本功

一、便利商店行業經營基本功

(一) 物流配送能力（須設有大型倉儲中心及配送車隊）。

(二) IT 資訊能力（包括 POS 資訊情報系統建置等）。

(三) 商品持續創新能力（包括：各式各樣鮮食便當、麵食、咖啡、霜淇淋、ibon 多媒體服務機器……等）。

(四) 服務達到一定水準能力。

(五) 商品品質穩定保證。

(六) 廣告宣傳與品牌形象打造能力。

(七) 現代化店面裝潢呈現能力。

(八) 找到好據點、好位址的持續展店能力。

二、便利商店業的毛利率與獲利率

依據 7-11 及全家便利商店二家上市公司所揭露的每年損益表來看，它們的獲利比率如下：

(一) **毛利率**：均在 30% ～ 35% 之間。

(二) **稅前淨利率**：均在 3% ～ 6% 之間。

上述財務指標，大概也是一般零售百貨的產業平均水準。一般來說，零售百貨的淨利不是很高，大致在 3% ～ 6% 而已，但是，因為營業額較大，故算下來年度獲利額還可以。

例如：統一 7-11

年營收 1,500 億元 ×6% ＝ 90 億元年獲利

三、便利商店產品銷售結構

(一)食品（含鮮食便當）	(二)飲料（含酒、咖啡）	(三)其他
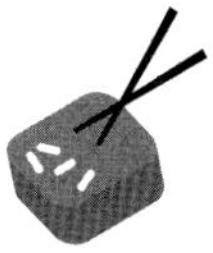	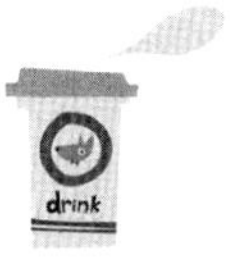	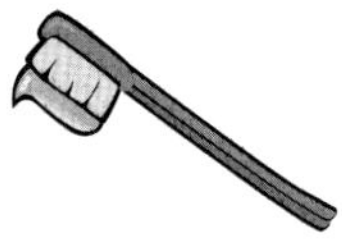
35%	45%	20%

從上圖看來，目前便利商店的銷售結構，以食品加飲料為最大宗，合計占比約 80%，這二大類也是便利商店創造營收的主力來源。

便利商店成功關鍵與銷售占比

 ① 物流配送
能力

 ② IT 資訊
能力

 ③ 商品持續創新
能力

⑧ 找到好位址與
持續展店能力

 便利商店行業經營成功8大基本功

④ 服務水準
能力

⑦ 現代化店面裝潢
呈現能力

⑥ 廣告宣傳與品牌
形象打造能力

⑤ 商品品質穩定
保證

便利商店產品銷售額結構占比

食品
（占35%）

非食品、
非飲料
（占20%）

飲料
（占45%）

便利商店總公司的毛利率及獲利率

毛利率
‧平均在 30% ～ 35% 之間

獲利率
‧平均在 3% ～ 6% 之間

統一超商持續領先的成功關鍵

一、統一超商持續第一名的關鍵因素

(一) 不斷創新、不斷改革

例如：推出 CITY CAFE、ibon、iseLect 自有品牌、餐廳座位區、鮮食便當、網購貨到店取、小火鍋、辣味關東煮、義大利麵食、小包裝蔬菜、小包裝水果……等。

(二) 持續展店產生規模經濟效益

目前全臺灣店數已突破 5,900 家，遙遙領先第二名全家便利商店的 3,671 家；由於總店數龐大，會產生各種層面的規模經濟效益。

(三) 持續高服務水準

店內人員維持服務水準，贏得好口碑。

(四) 廣告宣傳成功

7-11 擅長外在的廣告宣傳，總能形成話題行銷。

(五) 經常舉辦活動，吸引買氣

時常舉辦促銷、公仔贈送行銷活動，刺激買氣。

(六) 發展自有品牌，降低價格，迎合平價時代

目前有 iseLect、7-11、OPEN 小將等自有品牌系列產品銷售，占整體銷售收入約 20% 左右。

(七) 7-11 品牌形象優良及高回購率的品牌忠誠度。

二、便利商店總營收，已與百貨公司相當

經濟部統計處發布，便利商店在國內零售市場的重要性日漸增高，繼前年營收創下歷史新高後，2020 年便利商店總營收已達 3,400 億元，與百貨公司營業額相等。

統一超商的明星商品與成功關鍵

統一7-11的成功關鍵因素

1. 不斷創新、不斷改革

2. 持續展店,產生規模經濟效益

3. 持續店內人員的高服務水準,以贏得好口碑

4. 廣告宣傳的成功

5. 公仔贈品及促銷活動搭配成功,吸引買氣

6. 發展自有品牌,以平價滿足廣大基層消費者

7. 7-11 品牌形象佳,具高回購率

統一超商「三金」業績閃亮

三金	黑金	白金	綠金
產品	咖啡	霜淇淋	生鮮蔬果
年營收	120億元	約13億元	約10億元
今年營運策略	提升咖啡品質與專業度,並開發咖啡相關周邊商品	增加推出新口味速度,採游擊、位移式裝機維持新鮮感	增加生鮮蔬果種類,玉米鍋,關東煮等均持續開發新商品助陣

統一超商各項銷售一覽

項　目	內　容
合併營收(含轉投資)	2,080億/年增3.7%(本業營收1,500億)
7-11通路總數/含轉投資通路	5,900店/8,275店
咖啡銷售量	3億杯
霜淇淋銷售量	2,300萬支
ibon行動生活站	5.2億人次
香蕉銷售量	1,800萬根(每年)

統一超商：全臺最大零售龍頭的經營祕訣

一、卓越經營績效

2018 年度，統一超商的年營收額超越 1,200 億元，年度獲利 70 億元，獲利率為 6%，全臺總店數突破 5,900 店，遙遙領先第二名的全家 3,671 店。

二、統一超商的六大競爭優勢

統一超商之所以成為臺灣便利商店的龍頭地位及第一品牌，並且遙遙領先競爭對手，主要是它多年來創造了下面的六大競爭優勢：

(一) 提供便利、快速、安心、滿足需求的全方位商品力。

(二) 它建立了完善、合理、雙贏、互利互榮的最佳加盟制度。

(三) 它具有實力堅強的展店組織團隊及人力，快速展店。

(四) 它建立完整、強大的倉儲與物流體系；能夠及時配送全臺 5,900 多家店面的補貨需求。

(五) 它有先進、快速的資訊科技與銷售數量情報系統。統一超商過去投資數十億在建立這種自動化、電腦化、資訊化的軟硬體系統。

(六) 它引進多元化、便利性的各種服務機制。例如：繳交各種收費、ibon 的數位服務機器、ATM 提款機等。對顧客具有高度便利性。

三、統一超商六大核心能力：

統一超商的穩健不敗經營，並且不斷向上成長，它有 6 項核心能力，使它立於不敗之地，這六項核心能力是：

(一) **訓練有素且服務良好的人才。**

(二) **商品：**完整、齊全、多元、創新的各式各樣商品。

(三) **店面：**擁有 5,900 多家的門市店，且有標準化又有特色化、大店化的店面發展。

(四) **物流與倉儲：**在北、中、南擁有全臺及時物流配送能力。

(五) **制度：**具備門市店標準化、一致性經營的 SOP 制度及管理要求。

(六) **企業文化：**統一超商具有勤勞、務實、用心、誠懇、與創新的優良企業文化，這是它發展之根。

四、統一超商的行銷策略

統一超商擅長於做行銷，其主要重點如下：

(一) **電視廣告：**統一超商每年投入電視廣告約達 1.5 億元，主要為產品廣告及咖啡廣告；這些巨大的廣告投效，也累積出 7-11 的品牌聲量及認同感。

(二) **代言人：**統一超商最成功的代言人即是 CITY CAFE 的桂綸鎂；該代言人連續代言七年之久，顯示具有正面效益。CITY CAFE 每年銷售 3 億杯，每杯 45 元，一年創造 135 億元營收，非常驚人。

(三) **集點行銷**：統一超商最早期即率先引導出 Hello Kitty 的集點行銷操作，非常成功，有效提升業績。

(四) **主題行銷**：統一超商每年固定會推出「草莓季」、「母親節蛋糕」、「過年年菜」、「中秋月餅」、「端午粽子」……等各式各樣的主題行銷活動，帶動不少業績的成長。

(五) **促銷**：統一超商貨架上，經常看到第 2 件 6 折、買二送一、第二杯半價等各式促銷活動，有效拉抬業績成長。

五、八項關鍵成功因素：

總結，歸納來說，統一超商三十多年來的成功及成長，主要根據於下列七項因素：

(一) 不斷創新！持續推出新產品、新服務、新店型。
(二) 通路據點密布全臺，帶給消費者高度便利性。
(三) 堅持產品的品質及安全保障，從無食安問題。
(四) 物流體系完美的搭配。
(五) 數千位加盟主全力的奉獻及投入。
(六) 7-11 品牌的信賴性及黏著度極高。
(七) 行銷廣宣的成功。
(八) 定期促銷，吸引買氣。

統一超商：六大經營優勢

優勢1	創新生活型態！	優勢4	強大的展店能力！
優勢2	便利且安心的商品！	優勢5	完善的物流體系！
優勢3	完善的加盟制度！	優勢6	先進的資訊情報系統！

統一超商：六大核心能力

① 人　② 店　③ 商品　④ 物流　⑤ 制度　⑥ 企業文化

5-12 統一超商：臺灣最大的鮮食便當及咖啡公司

一、鮮食銷售成績

統一超商一年在鮮食類產品的銷售金額高達 250 億元，占全年收入的 18% 之高，其主要成績如下：

- 便當：一年賣 2 億個
- 御飯糰：一年賣 1 億個
- CITY CAFE：一年賣 3 億杯
- 關東煮：一年賣 7 億個
- 茶葉蛋：一年賣 7,000 萬顆
- 麵包：一年賣 1.6 億個

統一超商已成為臺灣最大廚房，其鮮食營收 250 億元是上市王品公司業績的 3 倍之多。

二、外食機會變多

臺灣外食機會變多的主要原因有：一是現在家庭都是小家庭居多，自己開火機會少，都是在外面解決三餐。二是廣大一千萬人口的上班族的早餐及中餐也經常在公司附近的餐廳或便利商店尋求解決。在上述二大因素之下，外食機會變多，而且市場規模也愈來愈大。

三、取經日本

日本鮮食供應鏈發展非常成熟，其上游供應商也會經常來提案，整個便利商店的 1/3 空間，幾乎都是陳列鮮食便當，樣式非常多元化、美味化、創新化。反觀臺灣，早期便利商店非常辛苦，都要教導這些上游供應商們，如何開發、如何作法、口味如何、以及如何創新。

早期，統一超商甚至派人赴日本超商店內購買便當回臺灣來試吃，然後模仿、學習，如今已追上日本超商的鮮食水準了。

四、直營生產＋委外生產

統一超商現在計有 11 個全國各地的鮮食商，其中：

(一) 在臺北、臺南、高雄、花蓮等 4 個地區是自己設廠，直接生產供應。

(二) 在基隆、桃園、彰化等 3 個地區是委託聯華食品公司生產提供。

(三) 另外，還有 4 家在各地區委外生產。除了全臺 11 個鮮食廠外，統一超商在全臺也有 12 個低溫配送物流中心，供應全臺 5,900 家門市店的鮮食。這些鮮食廠主要是生產便當、飯糰、壽司、三明治、漢堡等。

統一超商對自己或對供應商都有很嚴謹的供應商管理辦法及品質管控作業細則規定等；長期以來，統一超商對食安問題都管制得很好，生產幾億個便當都沒有發生食安問題，其品質獲得幾百萬消費人口的肯定及信賴。

五、新品上市

統一超商的鮮食便當每個約 60 ～ 90 元之間，飯糰每個約 30 ～ 40 元之間，下列為近期新產品：

三起司烤雞義大利麵、烤雞起司肉醬焗飯、一鍋燒日式親子丼、雙蔬鮪魚飯糰、新極上飯糰帝王鮭……等。

統一超商的鮮食策略，就是從好食材、好配菜、及與名店聯名策略著手。

六、關鍵成功因素

統一超商經營鮮食類產品的成功因素，計有下列七項因素：

(一) 能不斷開發新口味，不斷創新求變。

(二) 品質控管嚴格，長期均無食安問題。

(三) 鋪貨 5,900 店，購買方便。

(四) 當日物流配送，食物新鮮。

(五) 早期借鏡日本鮮食便當的配菜及口味。

(六) 外在環境成熟，外食商機大幅成長。

(七) 鮮食供應鏈的扎實建立。

統一超商：一年鮮食類銷售250億，占18%

統一超商鮮食類一年銷售 250 億元！（便當、三明治、飯糰、關東煮）

・占年營收 18%！
・主要獲利來源！
・穩定年營收！

統一超商：鮮食成功因素

① 不斷開發新口味，創新求變！

② 品質保證無食安！

③ 鋪貨 5,900 店，購買方便！

④ 當日物流配送，很新鮮！

⑤ 早期借鏡日本！

⑥ 外在環境成熟，外食商機成熟了！

⑦ 建立鮮食供應鏈！

5-13 各便利商店的發展策略及創新

一、全家便利商店：未來三大發展策略重點

(一) 座位經濟
1. 持續拓展新型態店鋪。
2. 年底座位數 4 萬個。
3. 提高微波食品的比重。
4. 餐飲外食挑戰年增 3 成。

(二) 電商經濟
1. 展現物流實力：店到店今寄明取。
2. 搭行動商機 My FamiPort App 上架。

(三) 點數經濟
與 UUPON 點鑽紅利卡合作。

二、便利商店創新之舉

與異業結合，掀起開複合店搶客源。

(一) 全家便利商店開複合店：與大樹藥局、吉野家餐廳、天和鮮物合作開店。

(二) 7-11 開複合店：與無印良品、Mister Donut 甜甜圈合作開店。

(三) 萊爾富：與鬍鬚張餐廳、麵包店、便當店合作開店。

(四) OK：與神腦 3C 合作開店。

三、統一超商 iseLect 自有品牌品項系列

(一) 光柔發熱衣。

(二) 輕肌著涼感衣。

(三) 吸濕排汗衣。

(四) 洋芋片系列。

(五) 經典茶飲系列。

(六) 隨手包零食。

(七) 微波冷凍食品。

(八) 即食元氣杯湯系列。

(九) 節能商品系列。

(十) 暢銷零嘴系列。

(十一) 茶攤手搖風系列。

(十二) 風味小點系列。

(十三) THE BEER 系列。

便利商店經營重點與新模式

全家三大發展策略重點

1.座位經濟

> 大店化

> 爭搶外食商機

2.電商經濟

> 電商到店取貨

3.點數經濟

> 結合行動 APP 紅利點數

便利商店近期創新方向 —— 展開複合店模式

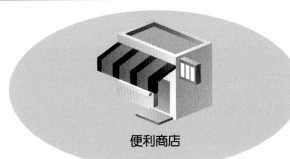

便利商店

| 美妝、藥妝店 | 或 | 快餐餐廳 | 或 | 炸雞店 | 或 | 甜甜圈店 |

5-14　臺灣百貨公司概述 Part I

百貨公司產值規模在國內零售百貨行業中，始終位居第一位，目前百貨公司每年所創造的產值已經超過 3,400 億元，與便利商店相當，但領先量販店及超市行業。

一、主要百貨公司概況

目前，國內幾家百貨公司的狀況如右表。

二、臺灣百貨公司年產值突破 3,400 億元

百貨公司 2020 年總營收額已超過 3,400 億元，持續保持 1% ～ 3% 成長率，如右圖。

三、臺灣百貨公司持續保持穩定成長率四大原因

近幾年來，百貨公司受到電子商務及國外服飾連鎖店來臺的衝擊影響，全世界的百貨公司業種都呈現緩慢成長趨勢，甚至衰退的負面現象，唯有臺灣百貨公司行業仍能保持成長趨勢。

百貨公司主要有以下幾點改革創新：

(一) 大量引入餐飲店

由於國內外食人口非常多，因此，百貨公司地下樓層及高樓層都成了平價美食街及中高檔餐飲專門樓層。結果也很好，吸引了大量人潮，讓百貨公司起死回生。

目前，餐飲業績已經進入百貨公司第一大業種。包括：化妝保養品、精品及餐飲是百貨公司三大業績來源。

(二) 持續改裝

百貨公司基於每層樓的效益考量，已經把效益低及業績差的專櫃撤掉，換上可以創造業績的專櫃。

(三) 大量舉辦藝文及國外美食展活動，吸引客群來逛百貨公司

百貨公司每年都舉辦至少 50 場以上大型展覽、藝文、休閒等有趣活動，確實吸引了更多人潮到百貨公司，也間接帶動購買業績。

(四) 大量舉辦促銷活動，拉抬業績

百貨公司瞭解促銷活動的重要性，尤其，每年的週年慶，占全年總業績接近 1/3，非常重要。

因此，年終慶、年中慶、母親節、爸爸節、春節、情人節、中秋節等，都是重要促銷時機點！

臺灣百貨公司營運表現

臺灣各家百貨公司年營收額

排名	百貨公司	2020年營業額	備註
1	新光三越	800億	有19家大店
2	遠東SOGO百貨	450億	有8家大店
3	遠東百貨（含大遠百）	450億	有10家大店
4	微風廣場	300億	有8家店
5	台北101精品百貨	120億	單店
6	臺北統一時代百貨	60億	單店
7	京站時尚廣場	60億	單店
8	高雄漢神百貨	60億	單店

臺灣百貨公司歷年總產值成長趨勢

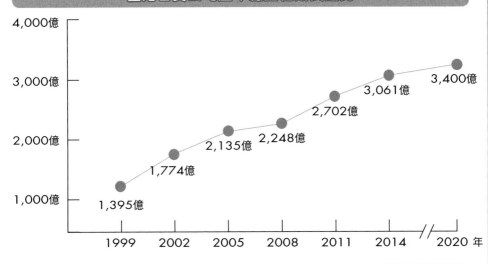

國內主要百貨公司近年的改變策略四大方向

① 改裝樓層，增加餐飲及美食街樓層，生意很好

+

② 專櫃櫃位調整（淘汰不佳櫃位產品）

+

③ 不斷舉辦促銷加碼活動，有效提升買氣

+

④ 舉辦大型活動、吸引人潮參觀聚集

臺灣百貨公司概述 Part II

一、百貨公司抽取專櫃收入分析

百貨公司的商品及專櫃大部分都不是自有的（非自營），都是外面廠商來承租。因此，百貨公司的每月收入來源，即是：

（一）**按各專櫃每月營業額抽取 30% 的專櫃費用**。例如：SK-II 專櫃某月在某百貨公司營收額為 1 億元，則抽成 30%，即 3,000 萬收入，這叫抽成法。

（二）**更加嚴格的是「包底＋抽成法」**。此即某專櫃要進來某百貨公司，每個月要先繳交固定一筆包底費用，例如：數十萬到數百萬元。然後，還要加收達到某個營業額之後的抽成若干比率費用。

二、百貨公司的毛利率及淨利率

（一）**毛利率**：30% ～ 35%。

（二）**淨利率**：3% ～ 6%。

例如：新光三越百貨公司營收額約 800 億元，乘上 5% 淨利率，每年獲利約在 40 億元左右。

三、微風廣場黑馬躍起，2020 年挑戰年營收 300 億

看好微風南山投入營運，微風廣場總經理岡一郎表示，在積極展店效應下，2020 年營收大幅成長至 300 億元。

四、臺灣第一大百貨公司新光三越

目前新光三越在臺灣北、中、南共有 19 個據點，總面積達 120 萬平方米，以獨具特色的各項服務吸引人潮聚集，每年吸引超過 1 億人次的顧客造訪。

（一）**第一家分店誕生**：1991 年 10 月，新光三越的第一家分店在臺北市南京西路誕生，而今，緊鄰捷運中山站的臺北南西店一館、二館、三館，不但成為引領西區流行消費的金三角，臺北南西商圈目前更是多元化的流行商圈。

（二）**開啟大型店鋪的新式經營型態**：2000 年，新光三越臺中中港店開啟了進入大型店鋪經營的里程碑，迅速帶動七期重劃區的繁榮發展，營運第三年起，即締造營業額百億元的佳績，更讓臺中中港店在中部市場占有一席之地。

（三）**最大分店於 2002 年開幕**：2002 年 6 月開幕的臺南西門店，是新光三越最大的分店。國際名品的完整進駐以及美輪美奐的硬體設計，首度為南臺灣帶來了全新的購物型態及國際性的消費視野。

（四）**水平式新購物體驗**：自 1997 年起，新光三越於臺北信義計畫區，提供串連空橋的「水平式」購物概念，清楚地為消費者規劃專屬購物空間。

（五）**複合式綠地建築，購物新享受**：2010 年春天開幕的高雄左營店，挾三鐵共構的交通便捷優勢，是全臺唯一擁有 12,000 坪綠地，70,000 棵花木，結合百貨、市集以及公園所建構而成的最美麗的生活購物中心。

百貨公司的獲利結構

百貨公司對專櫃的收入來源

1. 抽成法
（或拆帳法）

或

2. 包底＋抽成法
（包底係本月一定要付出
的金額，不管專櫃做多少
生意）

百貨公司的毛利率及淨利率

毛利率
30% ～ 35%

淨利率
3% ～ 6%

＋

EX：新光三越：2020 年 800 億營收 ×5%
＝賺 40 億元（淨利額）
遠東 SOGO 百貨：450 億元營收 ×4%
＝賺 18 億元（淨利額）

一、面對四大挑戰

國內百貨公司近幾年來，有了很大變化，主要是面對下列四大挑戰：

(一) 面對電商（網購）瓜分市場的強烈競爭壓力。尤其，電商業者在網路上的商品品項多、宅配快速到家，以及價格較低，受到年輕消費者的歡迎。

(二) 面對快時尚服飾品牌的強烈競爭，例如：像 UNIQLO、ZARA、H&M 等瓜分百貨公司二樓服飾專櫃的生意不少。

(三) 面對國內連鎖超市、連鎖大賣場、連鎖 3C 店及連鎖美妝店大幅展店而瓜分市場的不利影響。

(四) 面對近幾內國內經濟成長緩慢，景氣衰退，買氣也縮小之影響。

二、因應的六大應對策略

新光三越身為國內百貨公司的龍頭老大，其應對外部的四大挑戰之策略，如下：

(一) 策略 1：重新定位及區隔！

新光三越百貨面對外部環境的巨變及競爭壓力，展開了重新定位及區隔：

1. 總定位：不再是純粹買東西的百貨公司，而是提供顧客體驗美好生活的平臺與中心 (Living Center)。

2. 臺北信義區四個分館的區隔定位：

(1) A11 館：以年輕族群為對象。

(2) A9 館：以餐飲為主力的館。

(3) A8 館：以全家庭客層為對象。

(4) A4 館：精品館。

(二) 策略 2：擴大餐飲美食，變成百貨公司最大業種！

餐飲是可以吸引消費者上百貨公司的主要業種，因此，新光三越在改裝上，就刻意擴大餐飲美食的坪數，目前它的營收額已超越一樓化妝品及精品品類，成為百貨公司內的最大業種別，營收占比已達 25% 之高。

(三) 策略 3：多舉辦活動及劇場！

新光三越為吸引人潮到百貨公司，因此，近年起，每年舉辦超過數十場次的舞臺劇、表演工作坊、及大大小小的展覽活動等；事實證明也達成了效果。

(四) 策略 4：空間設計創意突破：

新光三越把二樓天橋連接四個館，將每個百貨公司的牆面打開，並設立新專櫃，讓往來行人能一眼看到館內的品牌商品陳列，而非過去冷冰冰的玻璃，提高消費者入門誘因及觀賞，不只是路過而已。

(五) 策略 5：打破一樓專櫃邏輯！

過去一樓都是化妝品及精品的專櫃陳列，現在則是改為汽車展示、設咖啡

館、設快閃店……等突破性作法。

（六）策略 6：驚喜打卡活動！

例如：在耶誕節，新光三越與 Live Friend 合作，布置 17 公尺超大型耶誕樹，吸引人潮打卡上傳 IG 及 FB，以吸引年輕人潮，及做好社群媒體口碑宣傳。

三、面對臺北信義區 14 家百貨公司的高度競爭看法

新光三越高階主管面對前述四大挑戰，以及臺北信義區面對 14 家百貨公司高度競爭之下的未來前景有何看法時，表示如下意見：

（一）若追不上顧客需求，就會被淘汰。

（二）雖面對競爭，但可以把市場大餅共同做大。

（三）競爭也會帶進更多人潮，市場總規模產值更會成長。

（四）不怕競爭，隨時要機動調整改變。

（五）要快速求新求變，滿足顧客的需求。

（六）要加速改革創新的速度，走在最前面，超越市場挑戰。

（七）重視第一線銷售觀察，精準掌握顧客需求。

新光三越：面對四大挑戰

1. 面對電商（網購）瓜分市場的挑戰！

2. 面對快時尚服飾品牌的競爭！

3. 面對連鎖各式賣場的擴大競爭！

4. 面對國內經濟景氣與消費的衰退！

新光三越：六大應對策略

6 大應對策略

1. 重新定位及區隔！

2. 擴大餐飲美食的占比！

3. 多舉辦活動及劇場以吸引人潮！

4. 空間設計創意突破！

5. 打破一樓專櫃邏輯！

6. 驚喜打卡活動！

5-17 百貨公司四大創新生存法則

一、五感體驗，跟生活結合

面對電子商務虎視眈眈，實體百貨絕對不是待宰羔羊。不像線上購物看著螢幕指令下單，實體店面購物體驗是有生命力的，實體百貨最大的優勢，就是電子商務做不到的「真實體驗」。現代百貨更是生活風格的提案者與體驗平臺。新光三越是百貨體驗經濟佼佼者，美麗超市有如歐洲市集的開放性、主打食材裸賣，消費者可以感受到色、香、聲、味、觸五感體驗。另常態性與藝術家、設計者合作，讓百貨各角落、櫥窗成為藝術展演空間。

二、趨勢主題，迎接快時尚

快時尚需要大空間、租期長、抽成低，都讓百貨對迎接快時尚品牌的效益大打問號，但遠百打破過去百貨坪效的堅持，臺中大遠百繼 GU 之後，再迎來H&M、GAP。H&M 在臺單店一年業績約 6～7 億、GAP 約 3 億、UNIQLO約 3 億、GU 約 2.5 億，加上有吸引人潮作用，讓百貨也開始調整心態迎接快時尚。

遠東 SOGO、新光三越對快速時尚則有另一番見解，快時尚是兩面刃，一方面會吸引人潮，另一方面可能犧牲其他品牌。新光三越對快時尚的實踐可能有另一套作法。不將快速流行寄託於特定快時尚品牌，新光三越要將百貨變為趨勢主導者。

三、吸金力強，餐飲力當道

景氣掉、房市差，高端商品表現疲弱。消費者可以少買一件衣服、配件，但對吃的，大家不會虧待自己。相較於化妝品、精品在特定檔期才有好表現，餐飲一年四季客源都很穩定。餐飲在百貨地位舉足輕重，百貨給的面積也愈來愈多，餐飲層次也愈來愈多元。

新光三越信義新天地 2020 年餐飲業績占比創新高達 20%，已超過化妝品，屬第一強業種。遠東百貨營運長林彰豐表示，餐飲、化妝品、女裝、精品為遠百全臺四大業種，彼此互有領先。遠東 SOGO 對餐飲訴求獨家、精緻化，避免品牌重複。

四、改裝求變，強化競爭力

新光三越包括臺北南西、信義、天母、臺中中港、臺南西門都將調整改裝，改裝幅度超過 10 個樓層。遠東 SOGO 忠孝館 10F 玩具區改裝擴大後，多了創意手作區與新品體驗區，強化商品與消費者的互動體驗，帶動業績成長 50%；復興館 5F 流行女裝已調整三分之二品牌，引進許多設計師飾品、配件品牌；敦化館改裝進行中，內部可看出有別於以往的明亮風格。遠東 SOGO 改裝進度不會受景氣影響，腳步不會慢，百貨要持續創造有趣的內容與貼心服務，才是生存關鍵。

百貨業創新突圍

1. 五感體驗，跟生活結合

2. 趨勢主題，迎接快時尚

百貨公司
四大創新
生存法則

3. 吸金力強，餐飲力當道

4. 改裝求變，強化競爭力

知名快時尚店進入百貨公司

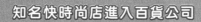

H&M

GAP

UNIQLO

GU

前進百貨公司
開店！

5-18　第一大超市：全聯的崛起

一、超市分類與定位的不同

目前，國內超市就其價格變數做為定位的不同，大致可以區分為：

(一) **高級、高檔超市**：例如：city'super。

(二) **平價超市**：例如：全聯、頂好（頂好於 2020 年 12 月已併入家樂福 ）。

(三) **介於兩者間**：松青（ 2016 年已併入全聯 ）。

(四) **獨立定位**：fresh ONE（ 有機超市 ）。

二、全聯福利中心快速成長

以前，國內超市並沒有特殊的領導品牌，但近年來，以最低價、最平實為訴求的全聯福利中心快速展店成長，目前全臺已有 1,000 家店，成為超市的老大。未來的目標是展店到 1,200 店，年營收 2,000 億元為目標。如果年營收做到 2,000 億元，將是超越統一 7-11 的國內第一大零售業者。

三、全聯超市崛起原因

全聯福利中心成為國內第一大超市的原因，主要有幾點：

(一) **平價、低價**：初期全聯以「實在，真便宜」為廣宣訴求，店內沒有豪華裝潢，價格便宜 10% ～ 20%，吸引了好多家庭主婦。

(二) **快速展店，擴充規模經濟**：全聯以急行軍速度，在全臺各縣市快速展店，目前已突 1,000 家，達到了規模經濟效益，在商品採購上，可以得到較低的進貨價格。

(三) **吸引人的廣告宣傳**：全聯以素人「全聯先生」為電視廣告代言人，並以吸引人的廣告表現創意，打響了「全聯」在全臺的品牌知名度。

(四) **為消費者帶來地利上的便利性**：全聯超市密布在各大都會區的巷弄社區內，方便附近消費者去購物，不必受開車、停車之苦，在地利上很方便。

(五) **收購松青超市**，擴大店數達 1,000 家（全聯於 2015 年 11 月宣布收購味全公司旗下的松青超市，計 65 家 ）。

小博士的話

全聯慈善基金會（ 林敏雄董事長的話 ）

我一直認為經營企業應存有感恩的心，並適時的行善奉獻來回饋社會。為了幫助更多人以及感念全聯故總經理蔡慶祥先生，我在 2006 年 3 月成立了「財團法人全聯蔡慶祥基金會」，秉持著「實在真用心」的精神，關懷弱勢族群。為了擴大幫助臺灣各地的經濟弱勢家庭，基金會除現有實物捐贈、急難救助以及社會公益等服務外，更於 2011 年與全聯福利中心共同成立了全臺首座「全聯物資銀行」，讓有需要的家庭獲得更有保障、更安心的生活。

超市定位與全聯崛起

國內各超市的定位圖示

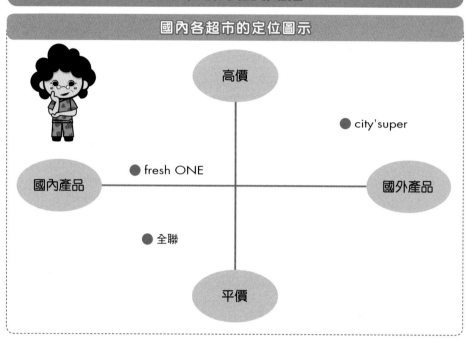

高價

● city'super

國內產品 ● fresh ONE 國外產品

● 全聯

平價

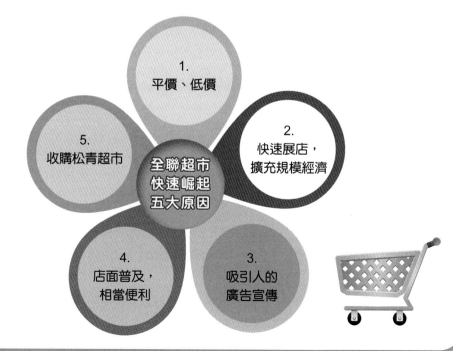

全聯超市
快速崛起
五大原因

1.
平價、低價

2.
快速展店，
擴充規模經濟

3.
吸引人的
廣告宣傳

4.
店面普及，
相當便利

5.
收購松青超市

一、全臺第一大超市：全聯福利中心

　　(一) **目前店數**：1,000 店。

　　(二) **年營收額**：1,300 億。

　　(三) **目標**：2025 年 1,200 店，年營收 2,000 億。

　　(四) **Slogan**：「買進美好生活」（現在）；「實在，真便宜」（過去）。

　　(五) **最大優勢**：價格最便宜。

　　(六) **企業使命**：用心與臺灣在地共好，打造消費者感到購物樂趣的賣場，成為臺灣第一、世界一流的超市。

　　(七) **企業願景**：以「買進美好生活」為核心理念，打造幸福的企業。

　　(八) **品牌理念**：價格最放心、品質最安心、開店最用心、服務最貼心。

　　(九) **主要產品**：1. 乾貨類；2. 生鮮類。

二、全聯福利中心成為超市第一名的關鍵因素

　　(一) **快速展店成功**：短短 20 年內，從 50 家快速展店到 1,000 家之多，遙遙領先第二名的頂好超市。全聯最終目標是在 2025 年前，展店到 1,200 家。

　　(二) **價格便宜的定位成功**：全聯超市的主力訴求，就是價格比同業及便利商店、量販店便宜 5% ～ 20% 之間。因此，它早期的 Slogan（廣告詞），就是：「實在，真便宜」。不過，2015 年之後 Slogan 改為「買進美好生活」，未再以最低價為總訴求。

　　(三) **電視廣告宣傳成功**：由奧美廣告公司操刀的「全聯先生」創意廣告片，播出後即引起話題，叫好又叫座，全聯知名度快速打開了！

　　(四) **生鮮類＋乾貨類產品齊全**：消費者可以多元選擇購買。

　　(五) **採購議價能力強大**：由於全聯超市店數多，再加上對產品供應商的付款結帳期很快，故殺價能力強大。

三、超市行業與量販店的競爭優劣勢

　　超市相對於量販店相互比較來看：(一) 超市的「地利普及便利性」優於量販店。(二) 超市的「品項」卻不如量販店。不過，近年來，從全聯超市快速展店來看，「社區型中小型」超市已成為零售發展主流。

四、超市銷售二大類產品

　　超市裡面，主要是銷售二大類產品，一類稱為乾貨日用品類，另一類稱為生鮮品；這二類產品才能滿足社區家庭及消費者的需求。

五、「有機超市」崛起

　　為了與一般大眾化超市定位有所區別，並且考量到食品安全問題，在臺北都會區已出現專賣有機產品為訴求的中小型超市！

全聯成功關鍵與發展目標

全聯超市已達1,000店

 Slogan：買進美好生活！

2025年目標
・1,200 店
・年營收 2,000 億

2015年11月
併購松青超市（65店）
達 852 店

2020年
已達 1,000 店！

2015年
750 店！

全聯超市成為第一的關鍵因素

① 併購壯大！

② 快速展店！

③ 採購量大，議價能力強大！

④ 電視廣告宣傳成功！

⑤ 初期以低價為最大訴求！

SALE

5-20 全聯：全臺第一大超市的經營祕訣

全聯超市林敏雄董事長最近一次接受今周刊專訪時，曾提出以下的經營心得，茲摘述如下：

一、談企業經營與策略

全聯福利中心是林敏雄董事長在 1998 年，以 6 億元買下當時全聯社前身計 66 個據點而成立的，當時的前身經營得並不好，而且虧損。

林敏雄接手之後，立即訂下三大策略：

（一）便宜才是王道（2% 利潤）。

（二）鄉村（中南部）包圍城市（臺北）。

（三）快速展店。

從 1998 年到 2020 年的 22 年之間，全聯已拓展成全臺具有 1,000 店之多的全臺第一大超市，年營收達 1,300 億元，僅次於統一超商 7-11 的 1,500 億元，成為全臺營收額第二大的零售業霸主；如今，全聯仍堅持以 2% 利潤的便宜價格，獲得廣大消費者的青睞。

林敏雄董事長表示：「全聯是我獨資的，22 年前，我買的時候，員工很多都留下來到現在，照顧員工、照顧消費者，商品不能賣貴，是我的堅持及底線。」

全聯發展有它的階段性，先從金字塔底層做起，那時候如果店面太高級，消費者不敢進來，現在開始從金字塔底層做到最上面去，這樣最好。

全聯因為：(1) 商品齊全、樣式多；(2) 價格又便宜；(3) 據點也不算少；(4) 品質也可以；因此，獲得消費者好評。

林敏雄董事長表示：「消費者不會永遠滿意，所以企業經營永遠要追求進步。而且，做任何行業，都要勇敢追求第一名。」

全聯這幾年賺的錢，都投下去做物流、倉儲、生鮮處理中心，連土地加上設備，總共投入一、二百億元之多，這些基礎建設不得不做，不能遲疑。

全聯是在 2004 年，滿 300 家店之後，才開始有利潤。

二、談管理之道

林敏雄董事長最大的管理之道，就是「充分授權」。

林董事長認為，他們的團隊精神與向心力，都很不錯，他也不會把自己搞得很忙，大原則就是授權，授權很大，用人不疑。

他認為，其實員工做得好好的，也不用管，若我比手畫腳，做不好，員工就可以推卸責任。不是他內行的領域，員工要負責有什麼不好；好與不好，沒有出去都不知道，不好的話再修改就可以了；有員工要創新，讓他們大膽去做，比我指手畫腳要好。

三、早期透過併購而成長

全聯早期的店數成長，主要是靠併購而來的店數，主要有下列四次：

(一) 2004 年：併購桃園地方超市「楊聯社」，計 22 家。

(二) 2006 年：併購日系超市「善美的超市」及生鮮廠，計 5 家。

(三) 2007 年：併購「臺北農產超市」，計 13 家。

(四) 2015 年：併購味全「松青超市」，計 65 家。

四、花大錢，建置物流中心

過去十年來，全聯積極布建物流中心及生鮮處理廠，位在高雄岡山首座自動化倉儲已啟用。一旦全面運行，供應商貨品送到自動化倉儲後，由自動撿貨系統運作，全聯在產品銷售流程、物流配送到上架，將更有效率及減少天數。

此外，全聯在全部門市店已布建 Wi-Fi 環境，串接產銷數據資訊，已經開放給全部供應商，他們覺得受益很大，可使廠商能更有效率配貨，減少貨架上空架率。

五、未來兩大挑戰

全聯雖然已經經營得很好，但仍有下面二項挑戰：

一是，目前全聯會員中，39 歲以下的族群占比仍少些，未來應有成長空間。如何從過去媽媽家庭主婦顧客群，進一步擴展到含括年輕人的全方位年齡層，是全聯的第一個挑戰。如果有了年輕客群的加入，則全聯業績的再成長就有了依靠。

二是，全聯的人才養成，必須再加速。由於全聯店數及年營收均快速成長，人才養成可能跟不上它成長的速度。因此，如何加速提升整體人才素質與能力，培養有接班能力的種子梯隊，已是全聯當務之急，也是全聯再成長的組織關鍵。

六、談接班人

對於全聯未來接班人，林敏雄董事長表示：「我的三等親以內不能當總經理，專業經理人有經理人的好處，如果高階都是我的家人，專業經理人誰願意發揮；我將仿照歐美很多大公司，把第二代、第三代的親人，都改成董事，平常不管事，只考核及監督執行長、總經理，如果他們做不好，再換這些人即可。

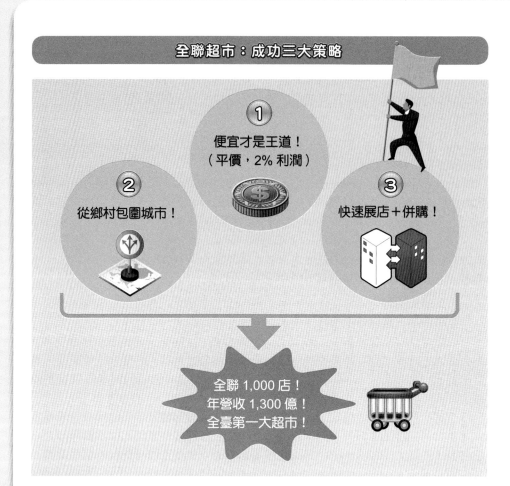

全聯超市：成功三大策略

① 便宜才是王道！
（平價，2% 利潤）

② 從鄉村包圍城市！

③ 快速展店＋併購！

全聯 1,000 店！
年營收 1,300 億！
全臺第一大超市！

全聯超市：未來二大挑戰

① 拓展全方位年齡層顧客！

② 培養接班人才團隊！！

因應未來再成長！

5-21 日本成城石井高檔超市的經營成功之道

一、經營績效優良

日本已經連續二十多年處於通貨緊縮及經濟不景氣的時代之中，但有一家高檔超市卻連續十年，其營收及獲利均年年成長 3%～5%，此即「成城石井」高檔超市。

該公司 2019 年營收為 819 億日圓（約 230 億臺幣），營業利益率達 9.3%，是日本一般超市 2 倍以上；每年開新店 10～15 家，總計全日本有 173 家店，它不走低價位，而是走高價位，定位在高檔超市，以中高收入族群為目標對象。

二、定位：通路、批發、製造，三位一體

「成城石井」超市，不僅是通路業、也是批發業及製造業。該超市內，有高達 40% 比例產品是由公司自己進口＋自有品牌的獨家商品，因此能夠擺脫價格戰，創造差異化，在高檔超市中，成為領導公司。

三、六大經營心法

(一) 心法 1：滿足選擇，冷門商品照樣上架

在「成城石井」的超市內，其所陳列的商品不一定都必然是暢銷品或很多人都會買的商品；而是只要顧客有需求的，就算只是一個小目標市場的少量銷售，該超市也會予以上架，以回應任何顧客的期待；因此，該超市自創業以來，所追求的，只有滿足顧客這件重大事情。

(二) 心法 2：自己進貨，產地直送的道地口味

「成城石井」大膽成立子公司「東京歐洲貿易公司」，直接從歐洲進口在地商品；該貿易公司有 20 多位採購人員，每年都會走訪全世界，尋找真正好吃、好喝與好用的當地商品，而大量採購進口。

(三) 心法 3：找不到好貨，就自己開發

該超市如果某項產品在國內外都找不到好的，就改為自己開發設計，然後找日本代工廠代工製造，這樣的自有品牌利潤也會較高。

(四) 心法 4：抓住熟食，自己製造

例如：超市內的各種熟食，一般都是交給食品代工廠，但「成城石井」超市卻要求不能加入人工色素、不能加防腐劑等添加物，使得代工廠不符成本、太麻煩、且保存期限又短，故沒有代工廠願意做；因此，該超市就自己建立熟食中央工廠，再物流配送到全日本 170 多家超市內。

(五) 心法 5：重視互動服務，創造美好消費體驗

「成城石井」超市的現場工作人員較多，顧客想問的問題都可以找得到現場人員詢問；該超市亦盡量希望現場員工能與來客能互動談話，真正做到能互動的超市。該超市特別注重收銀臺員工的禮儀及熱情，給顧客最終點的良好印象與美

好體驗。

(六) 心法 6：蒐集顧客聲音

每天下午 5 點，該超市在顧客諮詢室都會準時整理當天收到的顧客意見與聲音，然後隔天送到總公司社長（總經理）的桌上。總公司會依據這些意見，展開尋求更好的國內外產品及更快速的服務。

因為，該超市的名言，即是：滿足現狀，就是衰退的開始！

四、多角化經營，持續追求成長

2013 年，該超市正式跨足餐飲業，在東京地區開設 6 家酒吧。另外，也有 2 家門市正在規劃成立「超市＋餐廳」的合併新經營模式。

另外，「成城石井」也與日本 800 多家各地中小型超市合作，成立專區，陳列由歐洲進口的獨家商品及特色商品，增加營業額。

五、結語

「成城石井」社長最後表示：

『不滿足於現狀，持續追求顧客想要的東西，才是零售業不變的王道。』

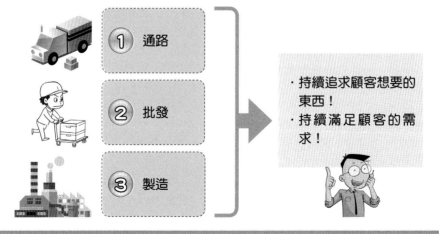

成城石井超市：五大特色

① 產品獨特、多樣！　② 自己出國採購！　③ 自找廠商製造！　④ 自建中央工廠！製造熟食！　⑤ 創造互動服務超市！

成城石井超市：定位

① 通路
② 批發
③ 製造

・持續追求顧客想要的東西！
・持續滿足顧客的需求！

5-22 美廉社：庶民雜貨店的黑馬崛起

一、穩坐臺灣第二大超市地位

美廉社是三商家購旗下的中小型超市，有點類似全聯超市的縮小版。成立於 2006 年，迄今僅十多年，目前已有 670 店，僅次於全聯福利中心的 1,000 店，不過，全聯超市屬於較大型超市，而美廉社則為較小型超市。

二、定位

美廉社的定位，即是定位在「現代柑仔店」，它是品質適中，但價格便宜，具有高 CP 值的中小型超市；坪數大約在 23 坪～70 坪之間；此種「現代柑仔店」即定位在大型超市與便利商店之間，尋求一個適當的滿足點與平衡點。

三、主要客源

美廉社的立地位地，大部分在社區的巷弄裡或中型馬路邊的小型街邊店；它的主要消費客層是金字塔底層的庶民大眾，主要以家庭主婦為目標消費群，也可以說主搶主婦客源。

四、主要生存空間

美廉社是一個縮小版的全聯超市，它主要的生存空間，仍是在於它普及設店的「便利性」；一般家庭主婦在社區內走路 3 ～ 5 分鐘即可到店買東西，便利性是美廉社最大的生存利基點。

五、精簡省成本

美廉社每家店都是中小型店，裡面空間不是很寬敞，產品品項也不能放置太多。美廉社強調以精簡省成本為營運訴求，省成本表現在二方面；一是人力省，每家店的服務人員大都只有二人，比起全聯超市的十人，少掉不少人；二是省租金，即每家店坪數只有25～70坪，比起全聯平均200坪，也省掉不少房租費用。美廉社把省下的費用回饋給消費者，即平價供應商品給顧客。

六、專賣便宜、長銷、差異化商品策略

作者曾親自到美廉社去看過，它所販賣的產品及品項，大致在全聯超市都買得到。它主要是專賣一些較便宜、知名品牌、長銷的商品為主力，以鞏固它每天的基本業績。另外，美廉社也有一些自有品牌及進口品牌，做為與別家超市差異化不一樣的特色產品，但其占比目前僅 5% 而已。

131

美廉社的定位：現代柑仔店

1. 20 坪 → 70 坪

2. 小型超市

3. 位置便利

4. 價格便宜

5. 價格便宜

創業成功 5 條件

美廉社：大策略

1. 精簡省成本！

2. 位地在巷弄之間！省租金！

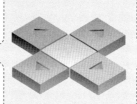

3. 專賣便宜、長銷的商品！

4. 以金字塔底層的庶民大眾為消費對象！

5-23　美妝及藥妝店產值突破 1,000 億元

　　根據經濟部統計處資料顯示，國內藥妝零售每年總產值已突破 1,000 億元。

一、主要公司

　　第一大屈臣氏，第二大康是美、第三大寶雅，還有大樹、丁丁、長青、維康、杏一、博登、日本來臺的 Tomod's 等公司。

二、營收產品結構比

1. 化妝與清潔用品（占 47%）。
2. 藥品（占 35%）。
3. 食品及飲料（占 9%）。
4. 其他產品（占 9%）。

三、第一大屈臣氏未來成長策略

1. 持續展店，邁向 600 店目標，目前已有 591 家店。
2. 持續門市店改裝計畫，開創特色店。
3. 持續拓展自有品牌產品，占比朝 15% 邁進。
4. 開展網路購物正式上線營運。

　　針對很多化妝品、保養品、藥品等廠商而言，開架式藥妝、美妝連鎖店是他們很重要的零售銷售通路。

四、屈臣氏銷售產品 18 個品類項目

1. 臉部保養	2. 開架彩妝	3. 醫學美容
4. 美髮造型	5. 保健食品	6. 媽咪寶貝
7. 女性用品	8. 衛生紙類	9. 身體保養
10. 沐浴清潔	11. 醫療器材	12. 居家生活
13. 口腔保健	14. 零食飲料	15. 型男專區
16. 香水品牌	17. 專櫃保養	18. 美容器材

五、屈臣氏自有品牌系列

1. 蒂芬妮亞。
2. 小澤。
3. Active Body。
4. 橄欖精華護理系列。
5. 屈臣氏蒸餾水。
6. 活沛多。

藥妝通路策略與規模比較

主要四大藥妝、美妝連鎖店通路年營收及店數

	公司	店數	年營業額
1	屈臣氏	591店	200億
2	康是美	450店	120億
3	寶雅	265店	160億

 屈臣氏藥妝店成長策略

1. 持續展店！	→	2. 推動門市店改裝，開創特色店！	→	3. 持續開發自有品牌產品！	→	4. 已開展網路商店，虛實並進！（線下＋線上）（O2O）（OMO）

美妝、藥妝連鎖店產品營收結構比

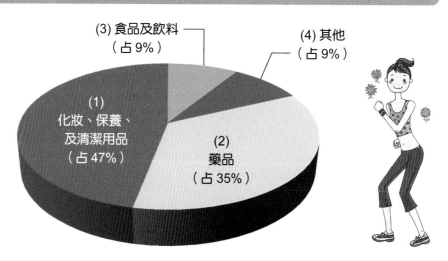

(3) 食品及飲料（占 9%）

(4) 其他（占 9%）

(1) 化妝、保養、及清潔用品（占 47%）

(2) 藥品（占 35%）

5-24 寶雅：稱霸國內美妝零售王國

　　寶雅（POYA）是近年來，如黑馬般快速崛起的生活雜貨與美妝連鎖店，自1985 年成立以來，全臺已有 265 家門市店，也是唯一有上市櫃的美妝連鎖店，它是從中南部起家。

一、卓越的經營績效

　　寶雅公司在 2006 年時，年營收額才達 34 億元，到 2019 年，成長至 160億元，幾乎成長 4 倍之多。毛利率高達 43% 之高，營業利益率達 14.8%，淨利率達 12%，2018 年的年淨利額達 17 億元，EPS 每股盈餘更高達 17.5 元，可以說居同業之冠。2020 年市場上市股價達 611 元之高。現有員工數為 4,152 人。

二、市占率高達 82%

　　寶雅與其同業的店數，比較如下：
(一) 寶雅：265 店
(二) 美華泰：26 店
(三) 佳瑪：11 店
(四) 四季：8 店
寶雅店數的市占率高達 82%，位居同業之冠。

三、全臺北、中、南分店數

　　寶雅目前全臺有 265 家分店，各地區店數分配相當平均，不過，中南部分店的坪數空間比北部稍大，這主因是北部 400 坪以上的大店面不易找的緣故。

　　寶雅評估每 4 萬人口可以開出一家店，臺灣 2,300 萬人口，約可容納 570家店，以 70% 估算，全臺可開出 400 家店；以目前同業已開出 249 店計算，未來成長的空間還有 151 家店，因此，尚未達到市場飽和，未來展望仍看好。

四、寶雅的競爭優勢

　　寶雅的競爭優勢，主要有二項：
一是規模最大，業界第一。
寶雅有 265 店，遙遙領先第二名的美華泰（僅 26 店），可說位居龍頭地位。
二是明確的市場區隔及品項多元化。
　　寶雅有 6 萬個品項，遠比屈臣氏、康是美藥妝店的 1.5 萬個品項要多出 4 倍之多，可說擁有多元、豐富、齊全、新奇的商品力，有力的做出自己的市場區隔，跟屈臣氏是有區別的。

五、寶雅的主要商品銷售占比

　　根據 2019 年最新的年度銷售狀況，各品類的銷售額占比，大致如下：

（一）保養品（16%）

（二）彩妝品（16%）

（三）家庭百貨（16%）

（四）飾品＋紡織品（15%）

（五）洗沐品（15%）

（六）食品（11%）

（七）醫美（5%）

（八）五金（5%）

（九）生活雜貨（3%）

（十）其他（3%）

從上述來看，顯然以彩妝保養合計占 32% 居最多；但在其他家庭百貨、飾品、紡織品、洗沐、食品也有一些占比，因此寶雅可以說是一個非常多元化、多樣化的女性大賣場及女性商店。

六、寶雅的未來發展

寶雅的未來發展有四大項，如下：

（一）持續店鋪與產品升級

1. 提升店鋪流行感。

2. 塑造顧客記憶點。

3. 優化商品組合。

（二）持續快速展店

持續展店，擴大規模效益，2025 年目標總店數為 400 店。

（三）建立物流體系

包括高雄物流中心及桃園物流中心，各支援 200 家店數，目前均已完成啟用。

（四）發展門市店新品牌──寶家。

七、寶雅的關鍵成功因素

總體來看，寶雅的關鍵成功因素，有：

（一）從南到北的拓展策略正確

寶雅剛開始起步是從臺灣南部出發，而且都是走 400 坪大店型態，那時的競爭也比較少，此一策略奠定了寶雅初期的成功。

（二）品項多元、豐富、新奇，可選擇性高

寶雅品項高達 6 萬個，每一品類非常多元、豐富、新奇，可滿足消費者的各種需求，大多的產品都可買得到，形成寶雅一大特色，也是它成功的基礎。

（三）店面坪數大，空間寬闊明亮

寶雅中南部大多為 400 坪以上的大店，店內明亮清潔，井然有序，讓人有購物舒適感。

(四) 差異化策略成功

寶雅雖為美妝雜貨店，但其產品內容與屈臣氏及康是美二大業者，並不相同，可以說是走出自己的風格及特色，或是差異化策略成功，成為該業態的第一大業者。

(五) 專注女性客群成功

寶雅 80% 客群都是在 19 ～ 59 歲的女性客群，具有女性商店的鮮明定位形象，很能吸引顧客。

(六) 高毛利率、高獲利率

寶雅在財務績效方面，擁有 43% 高毛利率及 14% 的高獲利率，此亦顯示出它的進貨成本及管銷費用都管控得很好，才會有高毛利率及高獲利率的雙重結果。

寶雅：四大未來發展

發展1 持續店鋪與產品升級！

發展2 持續快速展店！

發展3 建立物流體系！

發展4 發展門市店新品牌！

寶雅：六項關鍵成功因素

1. 從南到北的拓展策略正確！

2. 品項多元、豐富、新奇、可選擇性高！

3. 店面坪數大，空間寬闊明亮！

4. 差異化策略成功！

5. 專注女性客群成功！

6. 高毛利率及高獲利率！

5-25 屈臣氏：在臺成功經營的關鍵因素

屈臣氏美妝連鎖店係香港公司，也是亞洲第一大美妝連鎖店；1987年正式來臺設立公司並開始展店，目前全臺總店數已超過591家店，是全臺第一大，領先第二名的康是美連鎖店。

一、屈臣氏的行銷策略

屈臣氏有靈活的行銷呈現，行銷活動的成功，帶動了業績銷售上升，屈臣氏的行銷策略主要有五大項：

（一）**高頻率促銷活動**：屈臣氏幾乎每個月、每雙週就會推出各式各樣的促銷活動，主要有：加一元，多一件；買一送一；滿千送百、全面8折等吸引人的優惠活動。這些優惠活動主要得力於供貨商的高度配合。

（二）**強大電視廣告播放**：屈臣氏每年至少提撥6,000萬元的電視廣告播放，以保證屈臣氏這個品牌的印象度、好感度、忠誠度都能保持在高的水準。

（三）**代言人**：屈臣氏也經常找知名藝人，搭配電視廣告的播放，過去曾找過曾之喬、羅志祥等人做代言人，代言效果良好。

（四）**網路廣告**：屈臣氏也在FB、YouTube、等播放影音廣告及橫幅廣告，以顧及年輕上班族群的推廣。

（五）**寵i卡**：屈臣氏發行的紅利集點卡，目前已累積到520萬會員人數，寵i卡也經常利用點數加倍送作法，以吸引顧客回購率提升。

二、屈臣氏的成功關鍵因素

總結來說，屈臣氏的成功關鍵因素，主要有下列七項：

（一）**品項齊全且多元**：屈臣氏門市店的總品項達一萬個，可說品類、品項齊全且多元、多樣，消費者的彩妝、保養品需求，可在門市店裡得到一站滿足。

（二）**商品優質**：屈臣氏店內陳列的商品，大都是有品質保證的知名品牌，這些中大型品牌都比較能確保商品的優質感，出問題的機率也較低。當然，屈臣氏內部商品採購部門也有一套審核控管的機制。

（三）**每月新品不斷**：屈臣氏門市店內，除了經常賣得不錯的品項外，也會淘汰掉賣很差的品項，將空間讓出來給新品陳列，可說每月、每季都有新品不斷上市，帶給消費者新奇感及需求滿足。

（四）**價格合理（平價）**：屈臣氏的價格並不強調是非常的低價，但已接近是平價價格了；因為屈臣氏有591家連鎖店，且有規模經濟效益，因此可以較低價採購進來，以親民的平價上市陳列。

（五）**經常有促銷檔期**：屈臣氏的特色之一，即是每月經常會推出各式各樣的優惠折扣或買一送一、滿千送百等檔期活動，有效帶動買氣，拉升業績。

（六）**店數多且普及**：屈臣氏有591家門市店，是美妝連鎖業者中的第一名，店多且普及，也帶給消費者購物的方便性。

(七) 品牌形象良好，且具高知名度：屈臣氏具有相當高的知名度，企業形象及品牌形象也都不錯，有助它長期永續經營及顧客會員回購率提升。

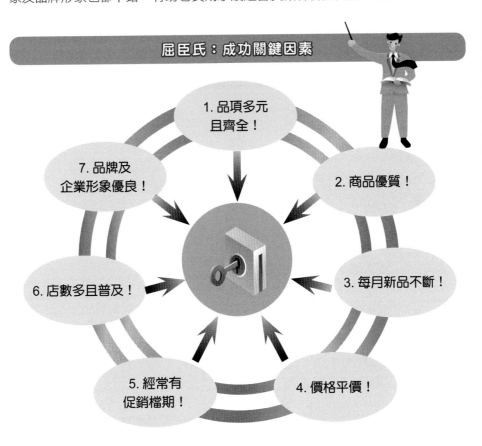

Welcia：日本藥妝龍頭的成功祕訣

一、日本最大藥妝連鎖店

Welcia 是日本最大的藥妝連鎖店，2019 年營收達 7,000 億日圓（約 1,900 億臺幣），全日本計有 1,700 多家分店，規模遠超過松本清、鶴羽、及 Tomod's 等競爭對手。Welcia 集中在東京為主的關東地區，過去以郊區大型店為主，都有 180 坪～ 300 坪；現在則主攻人口密集市區的小型店。

現在，Welcia 的主要競爭對手不只是同業，而更是面對便利商店的挑戰。那麼，Welcia 有何應對策略呢？

二、以低價食品吸客，再憑高價藥妝品賺利潤

Welcia 找到便利商店的三大缺失與弱點：

（一）第一是它的價格偏高

Welcia 的對策是推出低價食品，如此作法，吸引了不少家庭主婦及中高齡女性，在店內搶購比超市及便利商店更便宜低價的零食與食品；此亦成功吸引不少新來的顧客群。

（二）第二是招募人手不易

日本便利商店最近出現招募兼職人員不易的狀況，成為營運上的困擾；面對此狀況，Welcia 的對策是提高員工時薪，每個小時給兼職員工 1,500 日圓（約 420 臺幣），比日本 7-11 的時薪還高出 20%，吸引了不少兼職人員。為何 Welcia 能夠給予較高薪水，這是因為它的藥妝品利潤較高，例如：藥品有四成多毛利率，化妝品也有 35%，這些都比 7-11 的商品毛利率更高。

（三）第三是因應高齡化對策

Welcia 七成都是大型店，裡面有足夠空間可以設立藥品調配室，並兼負社區藥局的功能，又聘有藥劑師及營養師，使 Welcia 周邊的中高齡居民都可以有拿藥或諮詢的方便性，這是日本 7-11 做不到的生意。因應日本超高齡化時代的來臨，Welcia 這方面的業績成長很快。另外，Welcia 目前已有二成店開始 24 小時營業，提供更多消費者夜間拿藥或買保養品的方便性，追上日本 7-11 的便利性優勢。

三、歸納成功因素

總結來說，歸納出 Welcia 為何近幾年來，能夠快速超越同業競爭對手，而躍居最大藥妝連鎖店的重要成功因素有五點：

（一）打破傳統，開始銷售低價食品，成功帶進另一批人潮。

（二）展開 24 小時全天候營業，成為繼便利商店業者之後的跟隨者，大大方便顧客夜間上藥局買藥的需求。

（三）在大型店成立處方藥的調配室，成為藥妝店的另一個特色，而不是只有銷售化妝保養品而已。

（四）藥品及化妝品的毛利率均較高，能夠支撐兼職員工的較高薪水及低價食品。

（五）快速展店的開拓策略，目前已有 1,700 多家門市店，占有市場空間及利基點。

四、存在的根本原因

近三年來，Welcia 平均每年營收成長均高達 14%，遠比日本 7-11 成長率僅 4% 超過甚多。

針對這種現象，Welcia 的現任社長表示：「光靠便利商店或超市，並不能全部滿足消費者在生活上的所有需求；Welcia 過去、現在到未來，都能秉持著正確的經營戰略，並貫徹做到 100% 滿足顧客現在及未來需求，這才是在這個行業為何能成功或失敗的關鍵所在。」

日本Welcia：勝出五大原因

① 快速展店！（1,700 店）

② 24 小時營業！

③ 銷售低價食品，吸引人潮！

④ 具備社區藥局功能！

⑤ 藥妝產品毛利率較高！

日本Welcia：正確的經營戰略

正確的經營戰略！

・吸引消費者！
・滿足消費者現在及未來的需求！
・提高來店頻率！

5-27　資訊 3C 與家電連鎖店概述

一、資訊 3C 與家電連鎖店公司

公司名稱	店數	年營業額
1. 燦坤3C	230店	220億
2. 全國電子	130店	120億
3. 大同3C	70店	40億
4. 順發3C	60店	50億

二、銷售品項

1. 電腦及其周邊產品。2. 監視器 (monitor)。3. 家電（冰箱、冷氣、熱水瓶、電鍋）。4. 隨身碟。5. 液晶電視（中大型尺寸）。6. 數位相機。7. 手機。

三、主要供應商

1. 三星	2. LG	3. SONY	4. Panasonic	5. TOSHIBA
6. HITACHI	7. 大金	8. 大同	9. 東元	10. 奇美
11. 禾聯	12. BenQ	13. ASUS	14. acer	15. TREND
16. Canon	17. Nikon	18. 歌林	19. 聲寶	20. SHARP
21. Philips	22. Apple	23. 虎牌	24. 象印	25. 膳魔師
26. 其他廠商				

四、燦坤 3C 連鎖公司簡介

(一) 公司簡介

創立：1978 年 9 月 2 日

股票上櫃：1997 年 5 月 7 日

股票上市：2000 年 9 月 11 日

資本額：新臺幣 1,674,630,730 元

(二) 集團願景

以設計整合為核心的世界級生活產業集團。

(三) 經營理念

團隊、誠信正直、創新專業、感恩。

(四) 燦坤 3C 未來五年營運策略

1. 客戶滿意：成為以顧客滿意為核心的服務產業。

2. 四項堅持：會員服務、優質技術服務、高品質第一便宜、落實豪豬策略的發展及服務理念。

3. 無障礙溝通平臺：建立知識管理、速度回應、優質服務的競爭利基。

資訊3C市場現況與挑戰

臺灣四大資訊3C／家電連鎖

1. 燦坤 3C

2. 全國電子

3. 大同 3C

4. 順發 3C

143

資訊3C家電連鎖公司面臨的挑戰

1. 電商公司已經瓜分了不少生意

2. 量販店也設置 3C 家電專櫃賣場，爭搶生意

3. 資訊 3C 大品牌，也設置自己的
   直營門市店，搶走生意

5-28 全國電子：營收逆勢崛起

一、公司概況

全國電子成立於 1975 年，迄今已有四十多年，它秉持「本土經營，服務第一」的創業精神，為顧客提供最好的產品及服務。全國電子年營收計 180 億元，獲利率 4%，獲利額為 7 億元。全國電子主要銷售大、小家電、資訊電腦、手機、冷氣機等。

二、廣告策略

全國電子的廣告策略，主力訴求是「足感心」，它希望與顧客每一次的互動中，都能創造出顧客「足感心」的一種感受與感動，並且滿足顧客的需求與想要的商品。

三、營收逆勢崛起的原因

全國電子 2019 年連續五個月營收額超越過去的老大哥燦坤公司，其根本的原因，就是近二年來，全國電子開啟了新店型，這個新店型就稱為 Digital City（數位城市），也是展現全國電子的重大策略轉型。

迄 2019 年 9 月，全國電子的新店型「Digital City」已經開拓了 10 家，不要小看這 10 家，它的營收額已占全體的 10% 之高；而其餘的 90%，則由傳統的 312 店所創造。

全國電子傳統店型與新店型的最大不同點，有三點：

一是坪數大小。傳統店僅有 50～60 坪，店內有些擁擠，而新店型門市有二、三百坪之大，是傳統店的 4～5 倍空間，空間較大、較新。顧客會覺得很寬敞、很舒服。

二是裝潢。傳統店都已經二、三十年了，顯得有些老舊及古板，但新店型則是現代化、明亮化、新裝潢化，顯得很新，顧客願意逛久一些。

三是產品不同。傳統店以大、小家電為主力，顧客群多為中年人；但新店型除了大、小家電之外，新增加了很多的資訊、電腦、及通訊 3C 產品，年輕顧客群也增多了，使得店內有年輕化感受，增加不少活力感覺，而不會太老化。

新店型也主打體驗服務，很多 3C 產品都須要親身體驗，這對年輕人也是一種吸引力。

至於新店型的租金成本會不會太高，全國電子的實際數字顯示，大型店的營收規模及來客數，是傳統小型店的 3 倍之多，但房租租金只多出 10 萬元，算下來仍是划得來；因此，全國電子現在大力改為大店／新店型，而裁掉傳統小店，預計五年內，新店型將達到 50 店之多。如此，將使全國電子的店面感受，整個翻轉過來，而這 50 店將集中於六都大都店內為主力聚焦。未來，這些新型店，將成為銷售、服務、體驗、廣宣四者於一身，達到更多的綜效。

四、加強產品保證、保固

全國近來，更加重視大家電的保證；例如：冷氣 8 年免費延長保固，冰箱、洗衣機五年免費延長保固。此外，全國電子在夏天也推出冷氣獨享總統級的精緻安裝訴求，還有七日內買貴退差價等服務。

五、行銷策略

全國電子的行銷策略，主要有三大方式：

一是電視廣告。主要訴求為「足感心」廣告片，每年投入約 2,000 萬廣告預算，希望力保全國電子的品牌優良感人的好印象。

二是 0 利率免息分期付款。主要為大家電經常有銀行配合免利分期付款的優惠。

三是各種節慶促銷活動。例如：破盤價優惠活動、週年慶活動、開學祭活動、年中慶活動、爸爸節活動、母親節活動、中秋節活動等折扣優惠活動。

六、關鍵成功因素

總結來說，全國電子成功的因素，主要有五項，如下：

1. 不斷改革創新。例如：Digital City 大店型的開展。
2. 廣告成功。例如：足感心深入人心，印象深刻。
3. 店數多。全臺 322 店，遍布各縣市。
4. 產品有保固服務。
5. 經常性促銷優惠活動檔期。可有效吸引集客，提升業績。

全國電子：營收逆勢崛起原因

開出新店型、大店型的 Digital City！目前10 家！

· 營收超越燦坤競爭對手！
· 吸引年輕客群！
· 使全國電子品牌年輕化！

全國電子：行銷三大策略

1 電視廣告（足感心）

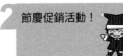

2 節慶促銷活動！

3 免息分期付款！

5-29　量販店概述

　　量販店也是國內主力的零售通路之一，量販店數目日益擴張，與便利商店是國內零售的二大通路。

一、意義

　　係指大量進貨、大量銷售，且因進貨量大，可以取得比較優惠的進貨價格，而得以平價供應給消費者，藉以吸引顧客上門的零售店。

二、示例

　　主要以家樂福、大潤發、COSTCO、愛買等大型量販店為代表。

三、特色

　　(一) 價格較一般零售店、超市更便宜（亦即大眾化價格，尋求薄利多銷）。

　　(二) 賣場規模化及現代化。

　　(三) 商品豐富化及現代化，具一站購足 (One-Stop-Shopping) 特色。

　　(四) 進貨量大（所以成本低），銷售量也大。

　　(五) 採取開架自助選購方式。

　　(六) 目前亦擴大商品線到資訊、家電及美妝開架式商品，均成為最新趨勢。

　　(七) 法令放寬，量販店已大量進入都會市區設點。

四、未來發展

　　已朝購物結合餐飲及娛樂的方向，擴大為大型購物中心 (Shopping Mall)，使購物結合休閒、餐飲，成為滿足與快樂之事。例如：新北市中和區的環球購物中心、新北市新莊區宏匯廣場、臺北市的遠東 SOGO 百貨、新光三越百貨、台北 101 大樓、微風廣場、大直美麗華購物中心，以及家樂福量販店擴大與各種專賣店的大型商場結合。

五、趨勢

　　量販店朝「購物中心大型化」及「小店化」二大方向發展，是必走之路。

　　(一) 兩年前家樂福成立「購物中心暨美食街全國專案小組」，目前成員已有 40 人，掌管賣場招商、營運及財務等業務，與量販店是獨立、平行的單位。

　　(二) 如果把 2015 年全臺家樂福「購物中心」的租金換算成營業額，金額將超過百億元以上。因此購物中心，或其他量販業者所說的「商店街」，已成了家樂福絕佳的「利潤中心」。

　　(三) 量販店的價格競爭激烈，本業毛利過低是附設商店街快速發展的主要原因。由於商店街的店租成為量販業者的淨收入，與本業辛苦砍價、損害毛利相比，商店街更能快速獲得豐厚的利潤。就有量販業者直言，商店街的租金收入約可占全年淨收入的 2 至 5 成之多。除了能獲益，商店街可補足量販商品的不足，以更多元、有趣的環境吸引客人上門停留，這也是量販業者積極發展的動機。

　　(四) 另外一方面，量販店為因應全聯超市急速展店，家樂福也朝向便利性的小店（便利購）發展。

臺灣量販店營運比較

國內主要量販店營運數據參考：好市多快速崛起

四大量販店 2020 年業績

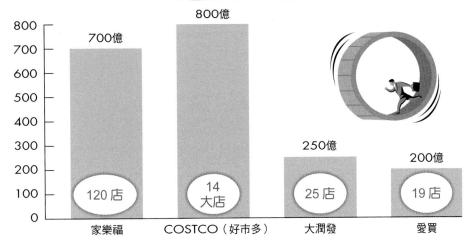

臺灣四大量販店股東一覽表

量販通路	家樂福	大潤發	愛買吉安	COSTCO
店數	120家	25家	19家	14家
股權	法國家樂福60% 統一集團40%	法國歐尚70% 潤泰集團30%	遠東集團、法國 吉安百貨各一半	美商100%

量販店未來二大方向

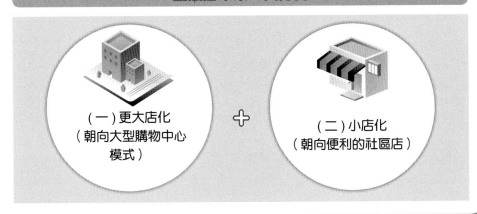

（一）更大店化
（朝向大型購物中心
模式）

✛

（二）小店化
（朝向便利的社區店）

家樂福：臺灣最大量販店的成功祕笈

一、公司簡介

家樂福原是法國及全歐洲的第一大量販店，成立於 1963 年，已有 50 多年歷史。30 年前，家樂福進入臺灣市場，與國內最大食品飲料統一企業集團合資合作，成立臺灣家樂福公司。目前，臺灣家樂福已有大店及中小型店計 120 多家，年營收額達 700 億元，已居國內第一大量販店。領先國內的 COSTCO（好市多）、大潤發、及愛買等。

二、提供三種不同店型的零售賣場

根據家樂福官網顯示，家樂福在臺灣，長期以來都是提供 1,000 坪以上的大型量販店型態，目前全臺已有 70 家這種大型店。但近幾年來，為因應顧客交通便利性需求，因此，家樂福也開展 200 坪以內的中型店，目前，此店型全臺也有 56 家。此型態店，稱為「Market 便利購」，是以超市型態呈現，將賣場搬到顧客的住家附近，提供多樣的選擇，讓會員顧客輕鬆便利購買平日所需，讓生活更方便。

另外，因應網購迅速發展，家樂福也開發第三種型態店，即虛擬網購通路；網購通路不用出門，即可在家輕鬆以電腦或手機，方便下單，以宅配到家的方式。目前，家樂福實體店有 700 多萬會員，而網購也有 70 多萬會員。

三、家樂福三大服務承略（策略？承諾？）

家樂福本著會員顧客至上的信念，對會員有 3 天承諾，如下：

（一）退貨，沒問題

會員於家樂福購買之商品，享有退貨服務；非會員退貨，則須帶發票，並且於購物日 30 天內辦理退貨。

（二）退您價差

只要會員發現有與家樂福販售的相同商品，其售價更便宜，公司一定退差價金額。

（三）免費運送

如果有買不到的店內商品，公司一定幫您免費運送。

四、加速發展自有品牌，好品質感覺得到

家樂福於 1997 年，即開始逐步發展自有品牌的商品經營政策，這是參考法國家樂福及 TESCO 二大量販店的經營模式，它們的自有品牌占全年營收占比，均超過 40% 之高，與臺灣差異很大。

家樂福發展自有品牌目的有三：一是提供顧客更低價的產品；二是提高公司的毛利率；三是展現差異化的特色賣場。

家樂福發展自有品牌迄今，其占比已達 10%，未來努力空間仍很大。家樂

福發展自有品牌強調三大關鍵要點：

一是確保食安問題不發生。因此有各種檢驗過程、要求及認證。

二是要求一定的品質水準，不能差於全國性製造商品牌的水準，要確保一定的、適中的品質，以使顧客滿足及有口碑。

三是要求一定要低價、親民價，至少要比以前製造商品牌價格低 10% ～ 20% 才行。

家樂福自有品牌取名為「家樂福超值」，品項已經超過 1,000 項之多，包括各種食品、飲料、衛生紙、紙用品、家庭清潔用品、蛋、米、泡麵……等均有。

20 多年過去了，家樂福自有品牌已受到消費者的接受及肯定，未來成長空間仍很大。

五、好康卡（會員卡）

家樂福也提供給會員辦卡，稱為「好康卡」，即為一種紅利集點卡，每次均有千分之三的紅利累積回饋，目前辦卡人數已超過 700 萬卡，好康卡的使用率已高達 90% 之高，顯示會員顧客對紅利集點優惠的重視。

六、家樂福的四項經營策略

（一）一站購足，滿足需求

進到家樂福大賣場，一眼望去，陳列著各式各樣的商品系列，並有吊牌指示，令人一目瞭然；由於家樂福大賣場大都有 1,000 坪以上，是全聯超市 200 坪規模的五倍之大，因此，其品項高達五萬多項，可以使顧客一站購足，滿足各種生活上所需求。這種一站購足 (One-Stop-Shopping) 也是大型量販店的最大特色。亦即，各種品牌、各種款式、各種產品，大都能在這裡找得到。

（二）從世界進口多元商品

家樂福也開設有進口商品區，引進各國的美食商品。另外，也經常舉辦紅酒週、日本節、韓國節、歐洲節、美國節等，引進該外國最具特色的產品來銷售，廣受好評。家樂福認為只要消費者買不到的東西，就是它們必須努力及代勞的時候。

（三）嚴選生鮮商品

家樂福不僅乾貨品項很多，在生鮮商品的肉類、魚類、蔬果類品項，也很豐富陳列，並且特別重視產銷履歷、有機標章等，讓顧客能安心選購，30 多年來，都沒發生過食安問題，顯示家樂福的嚴謹制度與管控要求。

（四）貫徹 Only Yes 的服務要求：

家樂福對賣場的各項服務都不斷努力精進，在各種設施或人力上的服務，都力求做到顧客最滿意。亦即 Only Yes，沒有說不的權利。

（五）未來五種觀點與看法

1. 優化消費者購物體驗

家樂福認為零售賣場的布置、陳列及服務，一定要不斷精進且優化消費者在

賣場內享受購物的美好體驗才行。

2. 競爭是動態的

家樂福認為零售同業或跨業的競爭不是靜態不變的，反而是動態且激烈變化的，因此必須時時保持警惕心及做好洞察與應變計畫，才能保持領先。

3. 全新角度去檢視

家樂福認為未來將是極具挑戰及變化的，因此必須採取全新角度去檢視大環境的變化及競爭的變化，不能因循舊的角度及舊觀念。

4. 轉型沒有終點

家樂福過去幾年來，在賣場型態大幅改革轉型，未來仍將持續變化，此種變革是沒有終點的。唯有變，才能生存於未來。

5. 未來是消費者的世界

家樂福認為未來擁有通路雖然很重要，但更重要的是擁有消費者，若沒有消費者，一切都是空的，未來將是消費者的世界。

七、關鍵成功因素

總結來説，臺灣家樂福的成功，主要關鍵因素有下列六點：

(一) 具有一站購足！能滿足消費者購買生活所須的需求性。

(二) 低價。家樂福與全聯超市近似，都是在比誰能擁有低價商品競爭力。

(三) 競爭對手不多。嚴格來説，量販店須要大的坪數才能經營，也要有足夠財力支持才行，目前家樂福面對大潤發及愛買的競爭性不高。

(四) 三種店面型態，具多元化

目前家樂福有大型店、中小店、及網購三種型態，具有線上及線下整合兼具的好處，對消費者很方便。

(五) 目標客層為全客層

家樂福的目標客層有家庭主婦、有上班族、有男性、有女性，也有小孩，目標客層為全客層，非常寬廣，有利業績提升及鞏固。

(六) 定位正確

家樂福大賣場的定位在 1,000 坪以上空間、大型、品項 4 萬項以上、具一站購足的定位角色很明確及正確。

(七) 品質控管嚴謹

家樂福賣的都是跟吃有關的，因此特別重視食品安全及品質控管的嚴謹度。

(八) 發展自有品牌

家樂福 30 年來，已不斷精選改善自有品牌的品質及形象，已獲得大幅進展，未來成長空間也很大。

家樂福：四項經營策略

1. 世界進口商品

2. 家樂福嚴選生鮮

3. Only-Yes 服務政策

4. 一站購足 (One-Stop-Shopping)

家樂福：三種營運模式並進

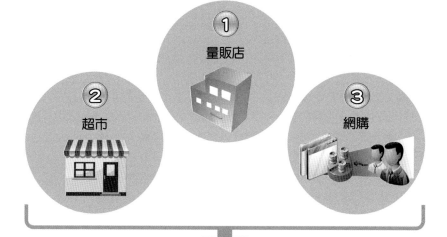

① 量販店

② 超市

③ 網購

帶給消費者最大便利及愉悅購物體驗！

5-31 臺灣大賣場六大消費趨勢

根據 2015 年 1 月分，艾普羅民調公司與《工商時報》合辦的「臺灣民眾大賣場購物型態大調查」，發現如下：

一、大賣場是最常去的零售場所：賣場化

調查發現，臺灣民眾日常生活用品 43% 會去大賣場買，其次是超市與超商，比率合計為 35%，選擇傳統市場或雜貨店的比率合計僅 10%。

二、週末化

12% 受訪者每週都去大賣場購物，16% 半個月去一次，19% 每個月採購一次，其餘多不定期，家中存貨不足才去。調查也發現，選擇週末或假日前往大賣場的民眾，比率合計 45%；在週一到週五前往大賣場的民眾僅 10%，其餘民眾前往大賣場時間則不固定。

三、全家化

獨自前往大賣場的民眾比率甚低，僅 16%，其餘 84% 民眾每次到大賣場都是呼朋引伴。

四、休閒化

民眾去賣場購物也出現「休閒化」趨勢，雖然購物是主要活動，但 32% 的人一定會去美食街打牙祭，26% 的人會順便逛周邊商店街，5% 的人會在附屬遊樂區玩耍，有些賣場還能順便理髮。

五、M 型化

M 型社會在大賣場購物行為上表現得更明顯，5 元一把的青菜，大家搶破頭，萬元一瓶的紅酒也能賣到缺貨。調查發現，每次花 500 元以內比率為 4%；花 500 元到 1,000 元的有 10%；花 1,000 元到 1,500 元比率為 12%；1,500 元到 2,000 元的比率最高，達 16%；2,000 元到 2,500 元降到 7%，但 2,500 元至 3,000 元的又回到 10%，每次消費超過 3,000 元更達到 13%。

六、會員化

國內大賣場以家樂福 70 家分店最多，大潤發有 25 家分店，遠東愛買分店 19 家，還有好市多 (COSTCO) 14 家大店等。由於各家賣場規模大小不一，消費者評價亦不同，但四大賣場在退換貨便利性、紅利積點優惠度與停車方便度均獲肯定。而好市多的會員每年還收 1,350 元年費，會員已有 240 萬人之多。

消費者在調查中提出一些建議，例如：常去家樂福的民眾認為需加強店員的服務專業度、加快結帳速度，退換機制上亦有改善空間。常去大潤發的消費者，希望有更人性化的賣場環境、提升店員專業程度、結帳便利性、服務水準。常去遠東愛買的消費民眾，店員服務專業度評價較高，但覺得遠東愛買的價格可以壓得更低。好市多採收年費會員制，產品多為大包裝，評價比其他三家略高。不過，仍可發現好市多的常客亦期盼降低商品價格。

大賣場購物趨勢與營運重點

大賣場的消費
發展六大趨勢

1.常去的賣場化

2.週末化

3.全家化

4.休閒化

5.M型消費化

6.會員化

四大量販店2016年營運重點與2020年經營

業者	2016發展重點	2020年營收	2020年店數	2025年預計店數
家樂福	持續展店 強化會員卡 加強自有品牌 投資更多促銷檔期	約700億元	126家 （含便利購）	約200家
大潤發	授權各店依競爭決定價格 增加商品季節性促銷 加強引進自有品牌 更精準推動分群DM	約250億元	25家	27
愛買	全面推動生鮮產地直送 改裝賣場更新商店街 加強季節性商品 推動會員卡	約200億元	19家	可能增2家
COSTCO	持續展店	800億元	14家	15家

5-32 臺灣成長最快速的量販店：好市多

一、臺灣 COSTCO（好市多）成績單

（一）2020 年營收突破 800 億元大關，成為臺灣量販店龍頭。

（二）內湖、臺中、中和 3 家分店，擠進 COSTCO 全球 671 家賣場的獲利前 10 名。

（三）會員卡數達 240 萬張，每年收費 30 億元，是全臺擁有最多收費會員的企業。

二、好市多業績成長的九大祕訣

（一）**恬恬養金雞**：願意花時間培養冷門市場，例如：「聽力中心」販售超值的助聽器，就是因應高齡市場所需。

（二）**就是不漲價**：臺灣好市多成立 23 年來，美食區的熱狗麵包套餐（含免費飲料無限暢飲）只要 50 元，從未漲過價。

（三）**降價超有感**：一年兩次「會員護照」行銷活動，每樣商品都是真實降價，例如：西雅圖即品咖啡打折後，與市價差距最多曾超過兩成。

（四）**飢餓行銷術**：許多熱賣商品限量一檔，賣完就沒了，例如：93 吋的大熊，成功製造消費者「看到就要搶」的習慣。

（五）**讓你占便宜**：美食區提供免費洋蔥和酸黃瓜，堅持給消費者「占便宜」，能有效降低客訴，是最好的口碑行銷。

（六）**獨家商品秀**：採購團隊市場嗅覺敏銳，常向供應商建議新包裝、口味的獨家商品、例如：三層的舒潔抽取式衛生紙。

（七）**三倍釣魚法**：試吃商品分量夠大，例如：近來大賣的 KS 無骨牛小排，試吃當天該商品營業額大幅成長 3 倍。

（八）**貨架新移法**：即使是長銷商品，也經常更動擺放位置，希望會員有尋寶的驚喜，間接提高消費金額。

（九）**退貨買更多**：全球好市多皆可無條件退貨，甚至連吃了大半的餅乾也可以退，讓消費者更敢放手消費。

三、薄利多銷是基本原則

毛利率不可超過 12%，低價行銷回饋消費者！

四、堅持收年費

會員一年須繳 1,350 元，每年全臺會員 240 萬人的年費收入即達 30 多億元！

好市多的成功祕訣

好市多(COSTCO)小檔案

總經理	張嗣漢
店數	2020 年底達 14 家
分布地區	北中南皆有據點
展店計畫	・2016 年 1 月啟動網購平臺，販售自營品牌 ・北臺中店（2020.11.20 開幕）
付費會員數	約 240 萬人（年費 1,350 元）
續卡率	平均 90%
年營收	800 億元
股東背景	美商公司

好市多的會員制及薄利多銷

（一）
薄利多銷
・毛利率不可超過 12%
・用低價回饋消費者！

╋

（二）
・會員收年費 1,350 元，
全臺 240 萬會員，每年年費
收入高達 30 多億元！

5-33 COSTCO（好市多）：全球第二大零售公司經營成功祕訣

一、大型批發量販賣場的創始者

美國好市多全球大賣場計有 766 家店，全球收費員總數超過 9,000 萬名會員，是全球第二大零售業公司，僅次於美國的 Wal-Mart（沃爾瑪）。

好市多於 1997 年，即來臺灣 20 多年，首家店開在高雄，目前全臺有 14 家店，都是大型賣場。目前會員總數，全臺為 240 萬名，年營收達 800 億新臺幣，與家樂福非常接近，可說是臺灣前二大的量販店大賣場。

二、好市多的商品策略

根據好市多的官網顯示，好市多的優良商品策略，有以下四點：

（一）選擇市場上受歡迎的品牌商品。

（二）持續引進特色進口新商品，以增加商品的變化性。

（三）以較大數量的包裝銷售，降低成本並相對增加價值。

（四）商品價格隨時反映廠商降價或進口關稅調降。

三、毛利率不能超過 12%！為會員制創造價值！

好市多美國總部有規定，各國好市多的銷售毛利率不能超過 12%，而以更低售價，反映給消費者。一般零售業，例如：臺灣已上市的統一超商及全家的損益表毛利率一般都在 30% ～ 35% 之高，但全球的好市多，毛利率只限定在 12%；這種低毛利率反映的結果，就是它的售價會因而更低，而回饋給消費者。

那麼，好市多要賺什麼呢？好市多主要獲利來源，就是賺會員費收入；例如：臺灣有 240 萬會員，每位會員的年費約在 1,350 元，則 240 萬會員乘上 1,350 元，全年會員淨收入，就高達 30 億之多，這是純淨利收入的。能靠會員費收入的，全球僅有好市多一家而已，足見它是相當有特色及值得會員付出年費。好市多的訴求，則是如何為消費者創造出收年費的價值。亦即，好市多能讓顧客用最好、最低的價格，買到最好的優良商品以及別的賣場買不到的進口商品。

好市多的臺灣會員卡，每年續卡率都高達 90% 之高，這又確保了每年 30 多億的淨利潤來源。

四、好市多幕後成功的採購團隊

臺灣好市多經營成功的背後，有一群高達 100 多人的採購團隊，他們是從全球 10 多萬品項中，挑選出 4,000 種優良品項而上架販賣的。臺灣好市多採購團隊的成功，有幾點原因：

一是這 100 多人都是具有非常多年商品採購的專業經驗。

二是他們從臺灣本地及全球各地去搜尋適合臺灣的好產品。

三是他們任何產品要上架賣，都要經過內部審議委員會多數通過，才可以上架。因此，有嚴謹的機制。

四是他們站在第一線，以他們的專業性及敏感度為顧客先篩選過，選出好的才上架來賣。

五、以高薪留住好人才

臺灣好市多每家店約僱用 400 人，全臺 14 家店約僱用 5,000 多人，其中有 8 成第一線現場人員是採用時薪制，好市多給他們的薪水相當不錯，以每週工作 40 小時計，每月的薪水可達到 4 萬元之高，比外面同業的 3 萬元薪水，要高出 3 成之多。另外，臺灣好市多也用電腦自動加薪，每滿一年就自動加薪多少元，都是標準化、自動化，不會用人工而疏忽漏掉。

臺灣好市多認為，給員工最好的待遇，就是直接留住人才的最好方法。這是好市多在人資作法上的獨特點。

六、企業文化鮮明

臺灣好市多，秉從美國總部的理念，它有四大企業文化，就是：1. 守法；2. 照顧會員；3. 照顧員工；4. 尊重供應商。

七、販賣美式商場的特色

臺灣好市多的最大特色，就是它跟臺灣的全聯、家樂福大賣場都不太一樣，好市多是販賣美式文化、美式商場的感覺，而全聯及家樂福則是本土化感覺。

好市多全賣場僅約 4,000 品項，家樂福則為 4 萬品項，但好市多品項有 4 成都是從美國進口來臺灣，美式商品的感覺很濃厚，這是它最大特色。

八、關鍵成功因素

臺灣好市多經營 20 多年來，已成為國內成功的大賣場之一，歸納其關鍵成功因素，有下列七點：

(一) 商品優質，且進口商品多，有美式賣場感受

臺灣好市多的商品，大多經過採購團隊嚴格的審核及要求，因此，大多是品質保證的優良商品，而且進口商品，有美式賣場感受，與國內其他賣場有明顯不同及差異化特色，吸引不少消費者長期惠顧。

(二) 平價、低價，有物超所值感

臺灣好市多毛利率只有 12%，因此，相對售價就訂得低，因此，到好市多購物就有平價、低價的物超所值感受，而這就是每年付 1,350 元的代價回收。

(三) 善待員工，好人才留得住

臺灣好市多，以實際的高薪回饋給第一線員工，並有其他福利等，如此善待員工，終於留得住好人才；而好人才也為好市多做更大的貢獻。

(四) 大賣場布置佳，有尋寶快樂購物感覺

由於是美式倉儲大賣場的布置，因此視野寬闊，進到裡面，有種尋寶快樂購物的感覺，會演變成再次習慣性的購物行為。

(五) 保證退貨的服務

好市多也推出只要商品有問題，就一律退貨的服務，也帶來好口碑。

(六) 會員制成功

臺灣好市多，成功拓展出 240 萬名繳交年費的會員，一年有 30 多億元淨收入，成為好市多最大利潤的來源，因此，它可以用低價回饋給會員，創造會員心目中卡的價值所在。因此，好市多就不斷努力在定價、商品、及服務上，努力創造出更多、更好的附加價值出來，回饋給顧客，形成良性循環。

(七) 賣場兼有用餐地方

每個好市多賣場，除了有販售商品之外，也都有美式速食的用餐空間，方便顧客享用美食，這也是良好服務的一環，設想周到。

(八) 核心理念與價值

根據好市多臺灣區的 2019 年秋季版會員生活雜誌，提到好市多的三大核心理念與價值，如下：

1. 對的商品：每一個品項都是我們的明星商品

我們所販售的商品與服務，都是為了使會員的生活更豐富、愉快，更重要的是，我們推出能讓會員感到滿足的品項。能夠進入 COSTCO 賣場等待上架的商品，皆經過一番嚴格篩選，才能夠登上賣場的舞臺，因此每一項商品都是我們的明星商品。

2. 對的品質：貫徹到底的品質控管

我們的採購團隊會到商品的製造場所確認品質，也會從勞工、原物料、勞動環境、衛生狀態等多方考慮、調查，如果未能達到 COSTCO 品質控管的標準，無論是市面上再熱門的商品，在對方徹底改善之前，我們都不願上架銷售。如此嚴格的標準，也代表我們對會員的責任。

3. 對的價格：盡可能的低價格

在設定銷售價格時，我們首先考慮的絕不是如何獲利的計算方法。確保了對的商品與對的品質之後，我們才會開始評估進貨成本，包括：生產者的堅持與講究、商品的運輸成本、在市場上的品質優勢、與其他競爭廠商的價格比較，以及所有相關人員的付出來做出評價，藉此設立最適當的價格。

臺灣COSTCO：會員卡一年淨收入30億元

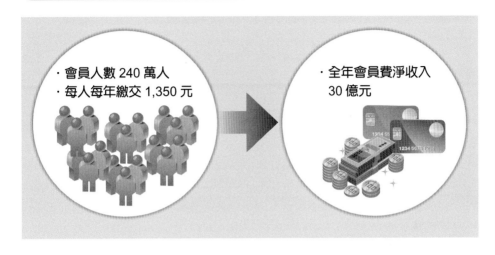

- 會員人數 240 萬人
- 每人每年繳交 1,350 元

- 全年會員費淨收入 30 億元

臺灣好市多：成功七大因素

1. 商品優質且進口商品多
2. 低價，有物超所值感
3. 善待員工，好人才留得住
4. 大賣場有尋寶購物快樂感覺
5. 保證退貨服務
6. 會員制成功
7. 賣場有能用餐的地方

5-34

直營連鎖與授權加盟連鎖概述 Part I

一、直營連鎖（Corporate Chain 或 Regular Chain）

(一) 特色

所有權歸公司，由總公司負責採購、營業、人事管理與廣告促銷活動，並承擔各店之盈虧。

(二) 優點

1. 由於所有權統一，因此控制力強、執行配合力較佳。
2. 具有統一的形象與品牌印象。
3. 可以掌握自己業績的來源，不必仰賴別人。
4. 可以做服務及體驗行銷據點。

(三) 缺點

1. 連鎖系統之擴張速度會較慢，因所需資金龐大，且要展店，負擔沉重。
2. 風險增高。
3. 人力資源與管理會出現問題，尤其當店面數高達數千個時，全省人力的到任、離職、晉升等管理事宜，將非常複雜，不是總部容易管理的。

4. 示例

金石堂書店、麥當勞、星巴克、康是美、肯德基、新光三越百貨、三商巧福、全國電子、科見美語、信義房屋、中華電信、台哥大、遠傳電信、王品、瓦城餐飲、誠品書局、遠東 SOGO 百貨、家樂福、屈臣氏、康是美、寶雅等。

二、授權加盟連鎖 (Franchise Chain, F.C.)

(一) 意義

係指授權者 (Franchisor) 擁有一套完整的經營管理制度，以及經過市場考驗的產品或服務，並有一知名品牌。加盟者 (Franchisee) 則須支付加盟金 (Franchise Fee) 或權利金 (Loyalty)，以及營業保證金，而與授權者簽訂合作契約，全盤接受它的軟體、硬體之 Know-How，以及品牌使用權。如此，可使加盟者在短期內獲得營運獲利。

(二) 示例

統一超商、萊爾富、全家、住商房屋、東森房屋、吉的堡、何嘉仁、85°C、cama 咖啡等。

(三) 優點

1. 在授權加盟契約裡，授權者對於經營與管理作業仍有某種程度之控制權，不能允許加盟者為所欲為。
2. 藉助外部加盟者的資金資源，可有效的加速擴張連鎖系統規模。
3. 投資風險可以分散。
4. 不必煩惱各店人力資源招募及管理問題。

直營連鎖的優缺點

1. 掌握自己業績命脈的來源

2. 具完全控制權，執行配合力較佳

直營連鎖模式的優點

3. 具有統一化的企業形象與品牌印象

4. 可作為售後服務及體驗行銷之據點

直營連鎖的可能缺點

缺點1

需要較大的投入金額，須有較堅強的財務實力

缺點2

當直營店數高達數百家時，其人員招募及管理較複雜

缺點3

店面位址不佳，可能會有關店虧損之風險

三、授權加盟經營 Know-How 內容

有關授權加盟店整套經營 Know-How 之移轉項目，包括如下：

（一）區域的分配（配當）　　　　（二）地點的選擇

（三）人員的訓練　　　　　　　　（四）店面設計與裝潢

（五）統一的廣告促銷　　　　　　（六）商品結構規劃

（七）商品陳列安排　　　　　　　（八）作業程序指導

（九）供貨儲運配合　　　　　　　（十）統一的標價

（十一）硬體機器的採購　　　　　（十二）經營管理的指導

四、連鎖店系統之優勢與成長因素

各式各樣的連鎖店系統在最近幾年來，如雨後春筍般成立，形成行銷通路上一大革命趨勢，到底連鎖店系統有何優勢，茲概述如下：

（一）**具規模經濟效益 (Economy Scale)**：連鎖店家數不斷擴張的結果，將對以下項目具有規模經濟效益：

1. 採購成本下降，因為採購量大，議價能力增強。

2. 廣告促銷成本分攤下降，因為以同樣的廣告預算支出，連鎖店家數愈多，每家所負擔的分攤成本將下降。

（二）**Know-How（經營與管理技能）**：連鎖店愈開愈多，每一家店在經營過程中，必然會碰到困難與問題，如果將這些一一克服，必能累積可觀的經營與管理技能，再將之標準化後，廣泛運用於所開的店面，如此，連鎖系統的成功營運就更有把握了。

（三）**分散風險**：連鎖店成立數十、數百家之後，將不會因為少數家店面無法賺錢，而導致整個事業的失敗，故具有分散風險之功能。

（四）**建立堅強形象**：連鎖店面愈開愈多，與消費者的生活及消費也日益密切，藉著強大連鎖力量，可以建立有利與堅強的形象，如此也有助於營運之發展。

五、連鎖加盟總部應具備的核心競爭功能

（一）組織開發機能，以便於總部與店的組織運作。

（二）原料、資材開發機能，利於原料、資材供應系統的順暢。

（三）商品、服務開發機能，以塑造連鎖體系的特色。

（四）教育訓練與指導機能，培育連鎖運作各職能的人才。

（五）廣宣促銷機能，以宣傳連鎖事業推出的系列活動。

（六）金融支援機能，以利於直營展店與加盟者資金的融通。

（七）資訊提供機能，建立快速的情報溝通網路。

（八）經營管理機能，發揮連鎖機能事業的營運績效。

授權加盟的優點與成功要素

授權加盟連鎖模式之優點

1. 可以較快速度拓展加盟據點數量

2. 不必自我負擔太大的財務資金

3. 自己投資開店失敗的風險可減少

授權加盟模式成功的要點

1. 要有堅強優秀的加盟總部人才團隊

2. 加盟總部要有不斷的產品及服務創新

3. 加盟總部要擅長於品牌的宣傳及打造

4. 加盟店東要信賴總部，雙方要搭配良好

連鎖經營模式快速成長與普及的因素

① 具有各方面的規模經濟效益的產生，有利經營優勢

② 可以快速複製導入，擴大店數

③ 可以分散單店的經營風險

④ 具有強大的連鎖化品牌形象

5-36 統一超商二種加盟型式比較

一、加盟辦法包括「特許加盟」與「委託加盟」

　　（一）「特許加盟」是自備店面加盟，降低創業的經營風險，享受穩定的經營保障。

　　（二）「委託加盟」是由 7-11 提供店面，委託夫妻 2 人專職經營。

二、加盟申請條件

　　（一）**特許加盟**：1. 店鋪自有或取得租期至少 5 年以上。2. 營業面積 25 坪以上。3. 年齡 55 歲以下，高中職（含）以上程度。4. 須專職經營，身體健康，信用良好，單身亦可。

　　（二）**委託加盟**：1. 夫妻 2 人須專職經營。2. 年齡 55 歲以下，高中職（含）以上程度。3. 身體健康，信用良好。

三、加盟型態

（一）特許加盟	（二）委託加盟
1.加盟金：30萬元（未稅）	30萬元起（視門市業績而定）
2.履約擔保：現金60萬元或以價值150萬元不動產設定抵押	現金60萬元或以價值150萬元不動產設定抵押
3.投資項目：店鋪、裝潢、門市費用	門市費用
4.利潤分配：毛利額62%	累積式浮動比例
5.公司補助：電費50%、發票紙捲40%	電費50%、發票紙捲58%
6.費用歸屬：營銷費用、員工薪資、租金	營銷費用、員工薪資
7.毛利保證：年最低毛利保證262萬元	年最低毛利保證250萬元
8.契約期間：10年	5年
9.裝潢費用：150萬元（依坪數大小而定）	由7-11提供

四、雙方投資項目

　　（一）**統一超商**

　　1. 專業 Know-How，即經營技術。

　　2. 生財設備：POS 設備系統及店內各項生財設備，如：各式機器、冰箱、貨架等。

　　3. POS 系統：7-11 投資了數十億元在軟硬體的開發上。

　　4. 販售商品：門市內所有販賣的商品均由公司投資，以及門市營運所需款項及門市各項費用墊款。

　　（二）**特許加盟**：加盟金、裝潢（例如：水電、冷氣設施、招牌等）。

　　（三）**託加盟**：加盟金。

加盟形式與總部負擔項目

加盟的二種型式

1. 特許加盟
（主要）

或

2. 委託加盟
（次要）

加盟總部應負擔
的投資項目

① 專業經營 Know-How，即經營技術

② POS 系統投資

③ 店內機器、設備、貨架投資

④ 販售商品提供

一、強大的品牌

統一超商致力於正派穩健經營、服務與產品品質提升及用心打動消費者所建立之品牌形象優勢，已與消費者建立強大的信賴感及忠誠度。

二、新生活型態的先驅

致力於產品與服務的創新，不斷提出高品質、高便利、滿足消費需求的新產品，亦帶領新的消費行為與生活型態。

三、差異化的展店策略

積極進駐每一個不方便的空間，縮短與消費者的距離，提供消費者每一分、每一秒的便利。

四、綿密的網路架構

臺灣 7-11 店數已超過 5,900 家，遍及臺灣地區與外島，亦是全臺擁有最多 ATM 機器（5,900 臺）的零售通路商；更結合實體與虛擬的銷售通路，全方位滿足消費者生活上的一切需求。

五、高科技完善的資訊系統

斥資 40 億元打造二代 POS 服務情報系統，透過完整的系統架構與即時的消費資訊傳輸，充分發揮單店經營效益，滿足消費者的便利需求。

六、專業經營能力

擁有完整的零售供應鏈，從商品設計、開發、生產、配送到銷售，由專業經營團隊緊密地結合與嚴格控管。

七、豐富的集團資源

集團各企業垂直整合，以及水平零售事業的蓬勃發展，都將藉由集團的資源服務共享，來降低整體的營運成本，提高經營優勢。

小博士的話

加盟理想國

遍布全臺的 7-11 之中，加盟店超過 8 成，為了讓服務品質同步，統一超商在「專業分工、共存共榮」的理念下，建立了完善的加盟制度。

統一超商的加盟制度分為「特許加盟」與「委託加盟」兩種形式，「特許加盟」是需自備店面的加盟方式，「委託加盟」則是由統一超商提供店面，特別委託夫妻或單身專職經營的加盟模式，會安排加盟申請人 40 小時的門市體驗。

對於加盟主，統一超商為了保障加盟主不受經濟或外部大環境影響，提供每年最低「特許加盟」262 萬元，「委託加盟」250 萬元的毛利保障在門市營運狀況不好時提供補貼，並由顧問從旁協助改善，讓加盟主的生活可以有所保障。

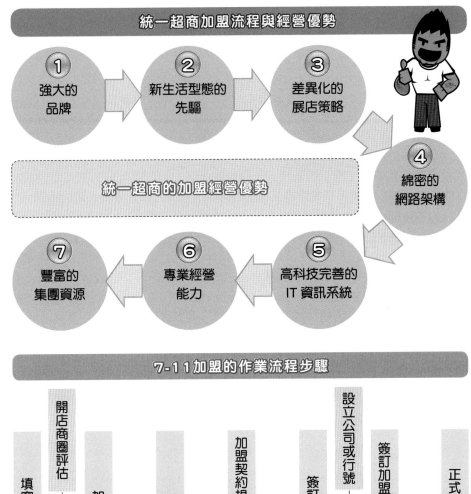

統一超商加盟流程與經營優勢

1 強大的品牌
2 新生活型態的先驅
3 差異化的展店策略
4 綿密的網路架構

統一超商的加盟經營優勢

7 豐富的集團資源
6 專業經營能力
5 高科技完善的IT資訊系統

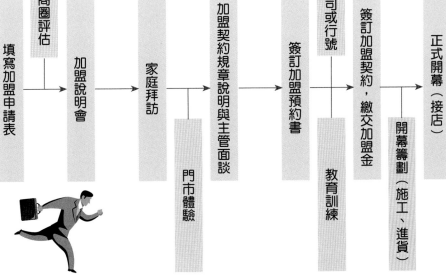

7-11加盟的作業流程步驟

填寫加盟申請表 → 加盟說明會 → 家庭拜訪 → 加盟契約規章說明與主管面談 → 簽訂加盟預約書 → 簽訂加盟契約，繳交加盟金 → 正式開幕（接店）

開店商圈評估

門市體驗

設立公司或行號

教育訓練

開幕籌劃（施工、進貨）

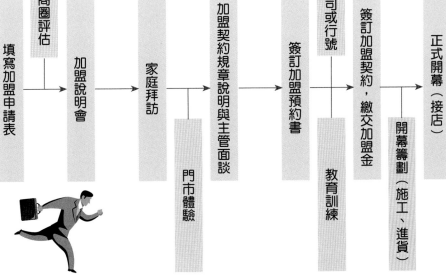

流通服務專家陳弘元根據多年的輔導經驗，提出加盟連鎖業成功的要項：

一、瞭解獲利模式

連鎖加盟主獲利主要來自販售產品與服務，總部則是加盟權利金、上架費、物流費、活動贊助費和進銷貨收入。當達到一定的銷售據點，商品經銷的Know-How、POS系統所建立的銷售情報，都可高價售予供貨商。

二、評估加盟利潤

連鎖加盟體系加盟金的收取，一般約新臺幣20至30萬元，高低取決於加盟型態與特性。計算方式是簽約後三至五年內，權利金占營業收入1%至3%。

三、審慎審閱權益

根據公平會的加盟業主資訊揭露處理原則，加盟者可在締結加盟經營關係十日前，向交易相對人要求提供應揭露資訊項目，包含加盟契約存續期間、所收取的加盟權利金及其他費用等。業者應於加盟前審慎審閱，以免喪失應有的權益。

四、檢視營運總部

加盟主可透過連鎖總部運作模式，瞭解店鋪營運的實際狀況，作為加盟參考。

五、人才訓練計畫

加盟前應詳細詢問連鎖總部的教育訓練計畫，包括：技術移轉、商品知識等。

六、關心法律規範

國內主要依據公司法、商標法、民法、公平交易法等法令，對連鎖加盟經營進行規範。

七、品牌延伸價值

加盟者需瞭解總部如何擴大加盟、打造品牌。國內連鎖體系都是在通路建立品牌形象，穩固當地連鎖市場的地位，以品牌運作並結合當地社會資源。

八、彈性商品組合

連鎖市場面對的是各地購買行為迥異的消費者，加盟業者應瞭解連鎖總部是否能提供不同的附加商品及服務，以迎合當地市場所需。

九、提供互動交流

優質的連鎖總部應充分對加盟者揭露資訊，甚至讓已加盟業者與打算加盟業者互動交流，交換經營心得，讓新業者瞭解店鋪營運的實際狀況，提高加盟意願。

十、強化服務品質

優質連鎖總部須致力於經營品質的改善，提供加盟者市場情報，打造優質加盟環境，讓總部與加盟主雙贏。

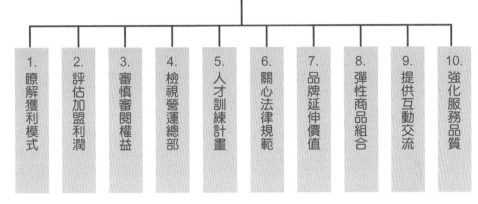

加盟注意要項與檢視條件

創業者投入連鎖加盟應注意十大要點

1. 瞭解獲利模式
2. 評估加盟利潤
3. 審慎審閱權益
4. 檢視營運總部
5. 人才訓練計畫
6. 關心法律規範
7. 品牌延伸價值
8. 彈性商品組合
9. 提供互動交流
10. 強化服務品質

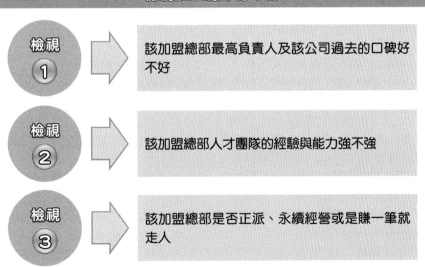

檢視加盟總部行不行

檢視① ➡ 該加盟總部最高負責人及該公司過去的口碑好不好

檢視② ➡ 該加盟總部人才團隊的經驗與能力強不強

檢視③ ➡ 該加盟總部是否正派、永續經營或是賺一筆就走人

第五章 零售業的型態功能及主要業態

169

根據輔仁大學國貿教授林妙雀（2007）與臺經院左峻德所長及輔大商研所博士班學生曾麗玉的連鎖事業專案研究報告，其結果指出國內連鎖加盟品牌提升競爭力與經營績效的八個建議方向。內容精闢有力，茲摘述其重點如下：

一、慎選適合的加盟主

在整個連鎖體系發展的初期，加盟者的好壞會影響加盟總部的存活率與成長性，因此一開始就要慎選適合的加盟者，除注意其教育程度、資金財務狀況外，人格特徵及經營事業的態度更須關注。

二、挑選最佳的門市區位

良好的店面位置可提高消費者接觸率與便利性，因此各連鎖總部都很注意立地條件與店面商圈評估。譬如：星巴克會選擇在大都會區快速密集展店，以其綠色美人魚標誌提供喝咖啡最時髦的第三地環境，藉此提高品牌知名度；85℃會選擇在三角窗金店面，搭配其鮮明的招牌與店面陳列，創造極佳的廣告效果。

三、創新組合商品

面對愈來愈難被取悅及市場定位的消費者，連鎖體系更應提供創意化商品，並嚴控產品品質及重視環保健康，以滿足顧客需求。總部可利用中央廚房，製作品質一致性的半成品或食材，再運送至門市作標準化加工。此外，進入 M 型社會，中產階級式微，配合美學風格經濟與新奢華主義風潮，連鎖總部應思考推出以情感為訴求，兼具品質、品牌與品味，讓消費者覺得高貴而不貴的新奢侈品。

四、效率化物流配送系統

連鎖體系為了有效控管商品品質，節省商品運送時間與成本，不管是自行投資物流系統、物流策略聯盟或委託第三方物流，都要做到效率化的物流配送。

五、有效通路推廣活動

連鎖總部在執行通路推廣活動時，可採取以下幾種有效的創新行銷方式：

（一）**直效行銷**：透過電視、電話、收音機、網際網路、電子郵件、直接信函、報紙、雜誌等工具，能和特定顧客或潛在顧客直接溝通，成功銷售商品給消費者。

（二）**互動遊戲式廣告**：利用網路的多媒體橫幅廣告，選擇入口網站最顯眼的位置，吸引消費者注意，且透過創意計畫，創造大眾關心的議題，吸引消費者參與，進而達到提升企業形象與銷售商品目的。

（三）**體驗行銷**：以感官行銷方式，激發顧客對品牌的信任與情感，從而提升顧客對品牌的忠誠度。

（四）**公益行銷**：有計畫性、系統性地配合各種公益活動的舉辦，達到企業形象與品牌行銷的效果。

（五）**事件行銷**：透過重大社會活動、歷史事件、體育賽事或國際博覽會，快速提高企業或品牌知名度。

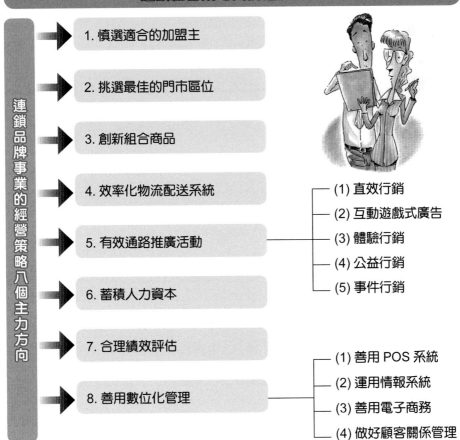

連鎖經營策略與挑選加盟主

連鎖品牌事業的經營策略八個主力方向

1. 慎選適合的加盟主

2. 挑選最佳的門市區位

3. 創新組合商品

4. 效率化物流配送系統

5. 有效通路推廣活動
- (1) 直效行銷
- (2) 互動遊戲式廣告
- (3) 體驗行銷
- (4) 公益行銷
- (5) 事件行銷

6. 蓄積人力資本

7. 合理績效評估

8. 善用數位化管理
- (1) 善用 POS 系統
- (2) 運用情報系統
- (3) 善用電子商務
- (4) 做好顧客關係管理

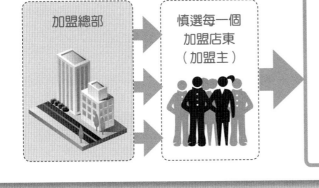

加盟總部應慎選每一個加盟店東

加盟總部 → 慎選每一個加盟店東（加盟主）→

- (1) 經營事業的企圖心
- (2) 個人品德信賴性
- (3) 個人優良的經營理念
- (4) 投入的用心程度

六、善用數位化管理

(一) 善用 POS 系統

清楚掌握營業額、毛利率、來客數與客單價等多項資訊，並針對商品銷售即時蒐集資訊，有效調整門市的商品結構，以提高商品周轉率和獲利率。譬如：85°C 為控制各分店的進銷貨狀況，善用 POS 系統，從數字中找出問題並對症下藥，每個月淘汰三款賣不好的產品，並研發三款新品，藉以維持顧客新鮮感，增加回流率。

(二) 運用情報系統

將過去銷售與庫存狀況，提供精準的銷售情報，有效提升經營水準。譬如：全家引進虛擬物流商業模式 (VCD)，運用刷條碼方式，成功解決門市點數卡銷售管道問題。萊爾富架設虛擬平臺 Life-ET，成功將 C 級品升級為 B 級品。統一超架設多媒體資訊站 ibon，內建行動辦事處。

(三) 善用電子商務

總部可善用網路，將加盟資訊放在網站上，吸引潛在加盟者，並將教育訓練、商品資訊、行業動態、顧客回應意見等資料放在網路上，讓加盟者以及員工，能夠快速取得資訊，甚至建立與顧客間的社群網絡關係。

(四) 做好顧客關係管理

管理學大師普拉哈拉德 (C.K. Prahalad) 認為，企業最大的競爭優勢來自於顧客，並將顧客關係管理奉為企業經營的圭臬。

連鎖事業若能保存、經營管理及提升與顧客的關係，將有助於建立及維護具有獲利性的忠誠顧客群。譬如：王品集團非常重視顧客滿意度的調查，運用其 Client-Server 架構，建置顧客關係管理系統，隨時蒐集客戶的意見調查資料，調整營業方針。

七、蓄積人力資本

人才是連鎖體系非常重要的資源，業者除可以透過多元的徵人管道網羅人才之外，還可以跟學校建教合作，或是在內部成立人才培訓單位。

此外，還可透過有系統的教育訓練，將專業 Know-How，成功地推廣到不同的加盟店員工。

八、合理績效評估

連鎖總部除可透過 POS 系統，掌握各分店財務績效之外，也應考量非財務績效。譬如：當加盟主連續一段期間表現良好，可降低其每月管理費，或推動選拔，對績優者獎勵，以凝聚加盟者向心力。

加盟店行銷手法與資訊分析

連鎖經營應善用POS系統

POS系統的分析能力

1. 各品類、各品項的銷售結構分析

2. 各種消費客層的銷售結構分析

3. 各地區的銷售結構分析

4. 營業額、毛利率、來客數、客單價的分析

5. 各種週別、日期別、節慶別、促銷活動別的結構分析

連鎖店經營的推廣及行銷操作

1. 集點送（送公仔、送贈品）

5. 代言人與記者會

2. 各式促銷活動（買二件8折，買一送一、優惠8折）

4. 公益活動

3. 商品廣告播放

5-41　無店鋪販賣七種類型概述

一、展示販賣 (Display Selling)

此係指在沒有特定銷售場所下，臨時租用或免費在百貨公司、大飯店、辦公大樓、騎樓或社區等地方，展示其商品，並進行銷售活動。目前像汽車、語言教材、家電、健康食品、服飾等業別，均有採用此方式。

二、型錄販賣 (Catalogue Selling)

郵購 (Mail-Order)：此係指利用型錄、DM、傳單等媒體，主動將商品及服務訊息傳達給消費者，以激起消費者購買慾。郵購商品一般是使用送貨到家或郵寄兩種途徑。目前較大的有東森購物、DHC、雅芳、富邦 momo 等。

三、訪問販賣 (Interview Selling)

訪問販賣亦可謂之直銷 (Direct Sales)，係透過人員拜訪、解釋與推銷，以完成交易。訪問販賣之進行，係透過產品目錄、樣品或產品實體等向客戶促銷。目前例如：國泰人壽、南山人壽保險公司業務推廣、安麗、雅芳、寶露等均屬之。

四、電話行銷 (Tele-Marketing, TM)

此係指利用電話來進行客戶之服務或產品銷售，又可區分為兩種：

(一) 接聽服務 (Inbound)：透過電話接受客戶之訂貨、查詢與抱怨。

(二) 外接電話 (Outbound)：透過電話向目標客戶群解說產品性質，並做銷售推廣活動。

五、自動化販賣 (Auto-Machine Selling)

此係指透過自動化販賣機以銷售產品，目前這種趨勢有日益明顯現象。例如：飲料、報紙、衛生紙、花束、生理用品、CD、DVD、麵包、點心等包羅萬象；在日本及美國尤為普遍。

六、電視購物 (TV-Shopping)

藉著電視螢幕而下達指採購電話指令，以完成銷售及付款作業，又被稱為有線電視購物 (Cable TV, CATV)。目前國內最大電視購物公司為東森得易購公司。另外，還有富邦 momo 臺、viva 臺等二家主要業者。

七、網路購物 (Internet Shopping) 及行動購物 (Mobile-Shopping)

網站購物是透過 PC 網站連結點選商品。B2C 網站購物已日漸普及。Yahoo 奇摩、博客來、PChome、momo 購物網、東森購物網等，為國內主要的 B2C 購物網站業者。此外，行動（手機）購物近幾年也快速成長，幾乎占網購公司全年營收的 30% ～ 40%。目前，國內很多電商公司都積極爭搶這方面的新事業。行動購物下單主要有二種，一是行動 APP 下單；二是行動網頁 (Web-Shopping) 下單。

虛擬通路市況

虛擬通路販賣的七種類型

3.
訪問販賣
（直銷）

4.
電話行銷購物

7.
網路購物＋
行動購物（泛
稱電子商務）

2.
型錄購物

1.
展示販賣

6.
電視購物

5.
自動販賣機

175

虛擬通路零售最大占比：網路購物＋行動購物

電子商務
E-Commerce

網路購物
(Internet Shopping)
(Online Shopping)

行動購物
(Mobile-Shopping)

一、國內電視購物崛起的行銷意義

電視購物 (TV-Shopping) 在美國已有 40 多年歷史，並且已成為美國零售業的要角之一。例如：美國第一大電視購物公司 QVC，2020 年營收額達 80 億美元（折合新臺幣 2,400 億元）。而在韓國第一大電視購物公司 GS（樂金購物），年營收額亦達新臺幣 600 億元。

二、臺灣電視購物商機崛起中

臺灣電視購物歷史也有 23 年之久，但過去都是業者播放錄影的帶子，並不是美國、英國所採取現場 (Live) 節目播出的即時型態，再加上業者本身的規模及經營理念均未能符合顧客導向，因此，臺灣電視購物行業一直沒有真正蓬勃發展，但是有了顯著好的轉變。

臺灣東森得易購電視購物公司，自 1999 年 12 月正式開播營運，公司營業額成長迅速，並已達損益平衡點。根據獲自該公司的資料顯示，電視購物頻道在成立第一年的營收僅約 5 億元，到第三年已突破 70 億元。該公司預期 2020 年營業額有高達 80 億元的目標。

目前，東森購物有五個 Live 現場即時播出的電視購物頻道，發行 40 萬份的型錄購物，以及 B2C 網路購物 (etmall.com)。

三、臺灣電視購物消費者輪廓

根據相關資料顯示，臺灣電視購物消費者基本輪廓大致如下幾點：

(一) **性別**：女性居多，占 75%；男性約有 25%。

(二) **年齡**：30 ～ 39 歲占 30%；40 ～ 49 歲占 40%；49 ～ 59 歲占 20%。

(三) **職業**：以家庭主婦占最高比率，約 40%；其次為白領上班族，約占 30%；再次為藍領階級，占約 18%。

(四) **教育**：以高中職占最多，約為 47%，其次為專科 17%，再次為大學以上占 14%。

(五) **婚姻**：已婚者占絕大部分，約 84%；未婚者占 16%。

(六) **小孩**：有 9 歲以下小孩占 56%，沒有 9 歲以下小孩占 44%。

(七) **地區分布**：以北部地區居多，約占 53%，其次中部地區占 25%，再次為南部地區占 16%，東部最少占 5%。

從以上電視購物消費者輪廓來看，大概可以歸納出二大族群：第一大族群是指女性、已婚、家庭主婦、中等教育程度、中等收入、以北部／中部為主；第二大族群則是指上班族，白領及藍領均有。

電視購物市場群雄並起

臺灣三大電視購物公司提供九個購物頻道

1.東森購物(EHS)

（5個頻道）

2.momo購物

（3個頻道）

3.viva購物

（1個頻道）

全球各國主要電視購物頻道

1. 美國

QVC
購物頻道

4. 中國大陸

（上海東方購物頻道
及湖南快樂購）

2. 韓國

（GS、LG、
CJ 購物頻道）

3. 日本

（JSC 購物頻道）

一、電視購物的商品、結構

根據美國、韓國及臺灣的資料，顯示電視購物較受歡迎的商品群，大致如下：

(一) 3C 資訊家電：占 15%。

(二) 美妝保養及紡織服飾；占 30%。

(三) 家居日常用品；占 30%。

(四) 休閒保健用品，占 13%。

(五) 珠寶飾品、旅遊：占 10%。

(六) 其他：占 2%。

二、通路狀況

在通路方面，最主要是透過有線電視臺（第四臺）租用專屬頻道播放為主。例如：美國 QVC 電視購物頻道，全美大約有 9,000 萬戶可以看到；韓國的樂金購物頻道則有 800 萬戶可以收看到；臺灣大約有 500 萬戶以上可以看到。通路的普及率及普及戶數，是電視購物業者業績成長的一個重要基礎，戶數愈普及，則業務的成長空間就相對大。目前，頻道上架租金，每戶假設以 5 元計，則一個 10 萬戶的有線電視系統臺，每月就可以收到 50 萬元，一年為 600 萬元淨收入。

三、付款方式

另外，在電視購物訂購付款方式，臺灣以採用信用卡分期結帳占大多數，估計已達 90% 以上，其他則採貨到收現金方式或用匯款方式占 10%，或用 ATM 轉帳。目前，這些業者也多提供分期付款方式，大大促進更多中產階級購買意願。

四、每戶產值

臺灣電視購物每戶平均每月產值約 200 元以上，較韓國平均 300 元，尚有很大成長空間。

五、momo 公司特色介紹

(一) **完整通路布局**：momo 電視購物結合網路及型錄，完整虛擬通路布局，隨時隨地提供消費者物美價廉的優質商品與服務。

(二) **精緻節目呈現**：momo 斥資 2 億元打造三個數位室內攝影棚和一個戶外棚，無帶化的作業系統，呈現精緻購物節目；購物專家親切詳盡的介紹各項商品，讓在家看購物頻道也能夠成為一種享受。

(三) **精選多元商品**：momo 開臺以來已引進數十萬種商品，未來將強化知名品牌的導入，持續開發更多元化的商品，以提供消費者更多的選擇。

(四) **全年無休客服**：momo 服務人員定期接受專業教育訓練，免費 24 小時專人訂購專線，全年無休隨時提供消費者各種諮詢與服務。

電視購物營收結構與頻道分布

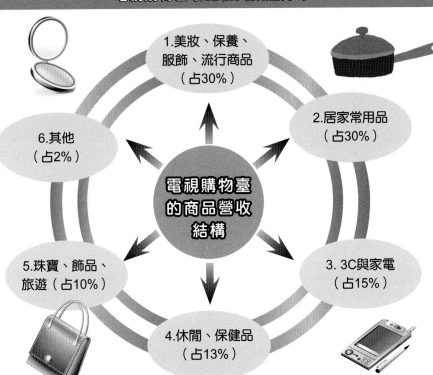

電視購物臺的商品營收結構

1.美妝、保養、服飾、流行商品（占30%）

2.居家常用品（占30%）

3. 3C與家電（占15%）

4.休閒、保健品（占13%）

5.珠寶、飾品、旅遊（占10%）

6.其他（占2%）

電視購物臺播出管道

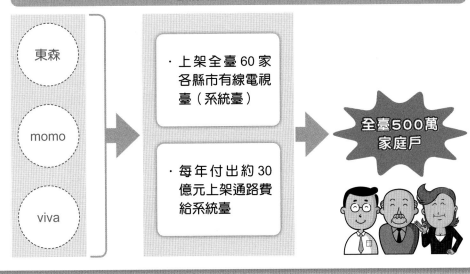

東森

momo

viva

・上架全臺60家各縣市有線電視臺（系統臺）

・每年付出約30億元上架通路費給系統臺

全臺500萬家庭戶

東森購物迄至 2020 年 12 月分時，購買過至少 1 次以上的會員人數已達 600 萬人，而富邦購物則有 500 萬會員。從美國、韓國及臺灣電視購物崛起，成為店鋪販賣的主流趨勢，所呈現出的行銷意義，大致如以下幾點：

一、市場是創造出來的

從美國 QVC、韓國樂金購物及臺灣高速成長的事實來看，它們並沒有影響到傳統通路業績成長。顯示電視購物為某特定消費群，創造出來新的購物通路。

二、市場餅應愈做愈大

從電視購物國內外發展實況來看，零售業者激烈競爭，未必是零和遊戲，而是應站在擴大需求，帶動消費潛力，將消費者存款拉出來購物，把市場的餅做大。

三、衝動型購物者增加

電視購物消費者，有一部分是屬於衝動型購物者。透過電視即時 (Live) 現場，以及主持人帶動下，原來未必有立即需求的東西，可能馬上就會打電話訂購。

四、消費者多元屬性，帶動通路的多元趨勢

電視購物的崛起，也證明了行銷通路的多元趨勢。除傳統百貨公司、量販店、超市及便利商店等零售通路外，現在電視購物、型錄購物及網站等亦成要角。

五、媒體結合商品，就是一種創新

電視媒體已成為每個人生活的一部分，因此，由媒體的既有特色與優勢，再與商品相互結合，兩者即可產生綜效 (Synergy)，電視購物的基本生存條件，正是立基於此，而這也是一種行銷上的創新。

六、品牌仍是主導

品牌資產的價值仍適用電視購物領域。電視購物無法親身摸到及看到實際商品的品質好壞及尺寸大小，但仍能吸引消費者購買，這裡面含有這些業者均有不錯的企業信譽、知名度及品牌依賴感。

七、立即回應市場需求

電視購物也算是高度立即性回應市場需求的行業之一，上檔節目商品如果成交量很少，就會被馬上換下來，換上另一種商品，因此，電視購物是最現實但也最真實能夠立即反應商品是否受到消費者喜歡的最佳通路之一。

八、便宜仍是主軸

在不景氣時代，除了少數高所得消費者外，大部分消費者仍是精打細算，便宜就成為女性購買者的重要指標之一。

九、媒體成為一種通路

不管是電視、型錄或網路，事實上已漸成為商品行銷通路的必要媒體。尤其，未來家中安裝電視機上盒後，互動電視及電視商務 (TV-Commerce) 時代來臨，消費者可以隨選方式 (Video on Demand) 購買想要的商品，媒體必然成為重要行銷通路。

透視電視購物

電視購物崛起的行銷意義

1. 市場是創造出來的

2. 市場餅應愈做愈大

3. 衝動型購物者增加

4. 消費者多元屬性,帶動通路的多元趨勢

5. 媒體結合商品,就是一種創新

6. 品牌仍是主導

7. 立即回應市場需求

8. 便宜仍是主軸

9. 媒體成為一種通路

媒體成為通路平臺

① TV媒體　電視購物

② 網路媒體　網路購物

③ 手機媒體　行動購物

④ 型錄媒體　型錄購物

5-45　網路購物的類型及快速崛起原因

　　網路購物（簡稱網購）近幾年來有快速崛起之勢，成為重要的無店面銷售通路，其產值甚至超過電視購物。

一、網路購物五種型態

　　如右圖所示，網路購物目前主要有五種型態，包括：

　　（一）B2C（**購物**）：就行銷而言，網路購物指的大部分就是 B2C，亦即消費者透過購物網，而直接下單購物。

　　在國內，像 Yahoo 奇摩購物網、PChome 購物網、momo 購物網、博客來購物網、東森購物網、蝦皮、GoHappy、udn shopping、OB 嚴選、86 小舖、生活市集……等。

　　（二）C2C（**拍賣**）：此係指消費者對消費者，即網路拍賣。消費者將自己的二手貨產品，拿到網站上便宜拍賣。例如：PChome 的露天拍賣及雅虎拍賣。

　　（三）B2B2C（**商城**）：例如：臺灣樂天商場、PChome 商店街、Yahoo 奇摩的超級商城及 momo 的摩天商城等，均屬於對外招商一般中小企業或中小店面上架。

　　（四）O2O（**團購網**）：例如：GOMAJI 和 17Life 二家票券、餐券、美食團購網購公司。

　　（五）B2B2E（**企業福利網**）：例如：中華電信優購網。

二、網路購物快速崛起原因

　　B2C 網路購物近幾年倍數成長與快速崛起的原因，主要有如下圖所示的幾點原因：

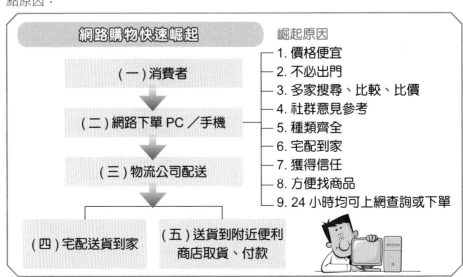

網購型態與市場概況

電子商務模式五種類型

類型	營運模式	業者
1. 購物 (B2C)	購物平臺→消費者	PChome 24h、Yahoo！購物、momo購物網、GoHappy、東森購物網、蝦皮
2. 拍賣 (C2C)	小賣家→消費者	露天拍賣、Yahoo！拍賣
3. 商城 (B2B2C)	商家→消費者	商店街、Yahoo超級商城、樂天市場
4. 團購網 (O2O)	商家→多個消費者	GOMAJI及17-Life
5. 企業福利 (B2B2E)	平臺→企業員工	中華優購

國內主要電子商務（網購公司）年營業額

公司	年營業額	備註
1.富邦媒體科技公司(momo)	600億	上市公司
2.PChome（網路家庭）	350億	上櫃公司
3.雅虎奇摩(B2B2C)	100億	外商
4.蝦皮	100億	外商
5.博客來	55億	統一7-11關係企業
6.東森購物網	30億	東森集團
7.森森購物網	30億	東森集團
8.udn shopping	20億	聯合報集團
9.GoHappy	25億	遠東集團
10.夠麻吉團購網(GOMAJI)(O2O)	35億（交易額）	上櫃公司
11.商店街市集公司(B2B2C)	80億（交易額）	PChome關係企業（上櫃公司）
12.生活市集	50億	創業家兄弟公司（上櫃公司）

B2C電子商務的營運模式架構

一、「快速到貨」已成網購事業基本配備

2008 年時，PChome 率先推出全臺 24 小時快速到貨，造成轟動，也成為網購快速成長的因素之一。

2020 年之後，又把 24 小時到貨推進一步，成為臺北市內 6 小時／12 小時到貨的「今日下訂，今日送達」目標。

目前，PChome、momo 等都能夠做到臺北市當日送達目標。而目前主要的宅配物流公司有：1. 統一速達（黑貓宅急便）；2. 臺灣宅配通（東元集團）；3. 新竹貨運。

二、購物網路品項眾多，可供多元選擇

目前，各大購物網站的品項眾多，可供消費者多元選擇，各網購公司的品項數如下：1.PChome：150 萬項商品。2.momo：150 萬項。3. 雅虎奇摩：50 萬項。4. 博客來：40 萬項。5.udn shopping：40 萬項。6. 東森購物網：40 萬項。7.GoHappy：50 萬項。

三、取貨的二種方式

網路購物的取貨方式，大概有二種方式：

(一) 宅配到家，由消費者在家中簽名取貨。

(二) 便利商店取貨。因為消費者不一定都在家，可指定在附近的便利商店取貨。

四、B2C 電子商務（網路購物）營運模式架構圖示

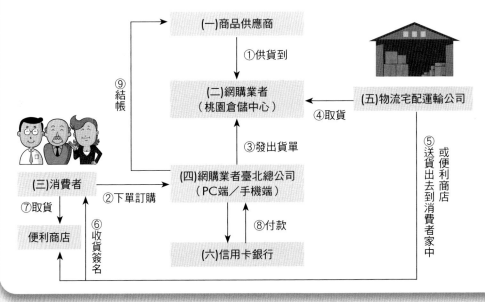

電商宅配與物流變化

臺灣三大物流進化，協助電商成長

| （一）新竹貨運（竹運） | （二）統一速達（黑貓宅急便）（統一集團） | （三）臺灣宅配通（東元集團） |

👉 宅配公司送貨給消費者的二種方式

（一）宅配到家　　或　　（二）送貨到住家附近的便利商店，由消費者去取貨

電商與物流宅配業互利互榮

·能快速送貨，以及服務水準提升

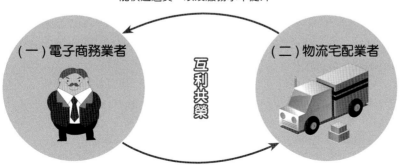

（一）電子商務業者　　互利共榮　　（二）物流宅配業者

·每天數十萬件送貨需求，使物流業者有大量生意可做

momo：電商領導品牌的致勝之道

一、公司概況：

momo 2020 年營收達 650 億元，遙遙領先 PChome、蝦皮購物、雅虎奇摩等競爭對手。在 2020 年 2 月～6 月全球新冠病毒疫情期間，仍保持二位數的營收成長率。

momo 在國內零售業 2020 年排名位置居第七名，僅次於：

第一名：統一超商（1,500 億）

第二名：全聯（1,300 億）

第三名：好市多 (COSTCO)（850 億）

第四名：新光三越（800 億）

第五名：全家（750 億）

第六名：家樂福（700 億）

第七名：momo（650 億）

第八名：遠東 SOGO 百貨（450 億）

第九名：遠東百貨（440 億）

momo 訂購一次以上的會員，已接近 1,100 萬人，等於臺灣一半的人，都是 momo 的會員。momo 平均每日網頁流量為 540 萬人次，每月不重複訪客有 900 萬人，每個月至少都有 100 萬筆訂單成交，十多年來從未有營收衰退記錄。

momo 在 2009 年跨過 100 億營收，2013 年飛過 200 億，2017 年達 300 億，2019 年正式突破 500 億元。過去十年，momo 的年平均成長率超過二成，未來更遠大的目標，是在 2025 年突破 1,000 億元大關，正式進入國內第三大零售業者。

二、成功的四大營運關鍵

(一) 快速的企業文化

momo 一切做事方針都強調快速、速度快，「天下成功，唯快不破」，momo 確實做到下單快、撿貨快、出貨快、到貨更快。速度是決定電商經營的關鍵因素；momo 目前在全臺各縣市已設立 30 個 5,000 坪大的衛星倉儲中心，可以就近快速 24 小時內，送到消費者家中。另外，北部已完成 2.5 萬坪大型倉儲物流中心，中、南部亦已買好土地，仍在興建中。而較小型的各縣市衛星倉也將擴增到 40 個。

速度快，是推動 momo 快速成長的動能因素之一。

(二) 打造物美價廉平臺

momo 的成功因素之二，即是堅持物美價廉。

1. 物美，就是產品好、品質好，有保障。

2. 價廉，就是價格便宜、合理、高 CP 值、物超所值感受。

momo 並且建立「價格管理機制」，透過比價系統與顧客反應回饋，隨時調整價格，務必要比同業便宜才行；如果價格不對，就要回頭跟供應商談降價。

(三) 付款條件好

momo 付給供應商的票期比同業短，momo 為 30 天票期，同業則為 60 天～90 天；momo 付款條件相對好，因此，廠商就願意把最好、最新的貨，先供給momo 銷售。

(四) 商品豐富、齊全、可一站購足

momo 的總品項超過 300 萬品項，放在大型倉儲物流中心約有 80 萬品項。這些豐富的品項使顧客可以任意的選購，帶來很大的便利性。

三、集團資源結合活用

這幾年來，momo 也力求與富邦集團做資源整合，包括如下：

(一) 台哥大 800 家門市店，可成為 momo 宅配的取貨點。

(二) momo 會員當月消費滿 5,000 元，可免費使用台哥大 My Music 一個月，目前已有 3.5 萬人會員使用，未來將逐步納入影音串流平臺 My Video。

(三) 推出 momo 與富邦銀行聯名信用卡，可獲 1% 回饋率。

(四) 台哥大會員有 700 多萬人，希望能觸及這些新用戶。

四、容許犯錯的企業文化

(一) momo 曾在 2008 ～ 2014 年，七年內開了五十家實體店面，即momo 藥妝，但最後虧了 10 億，宣告失敗收攤。

(二) momo 又把經營三年的 momo 百貨轉手出去，也賠錢。

(三) momo 曾投資中國電視購物子公司，最後也虧損收起來。

從此，momo 即專心一意做電商平臺，如今總算做起來了。

五、向亞馬遜取經，做會員制

momo 未來的計畫，即是向美國亞馬遜學習它成功的 Prime 收費會員制；momo 仍在思考如何持續加強會員的各項加值服務；並且取經日本樂天網購集團成功的生態圈經營模式。

六、未來二大努力方向

momo 未來要持續保持電商的領導地位，有二大努力方向：

一是持續快馬加鞭設立各縣市的衛星倉，以及中、南部的大型倉儲物流中心，以加快送貨到家的速度。

二是未來頭號的競爭目標對手，鎖定在 1,300 億的全聯第一大超市。

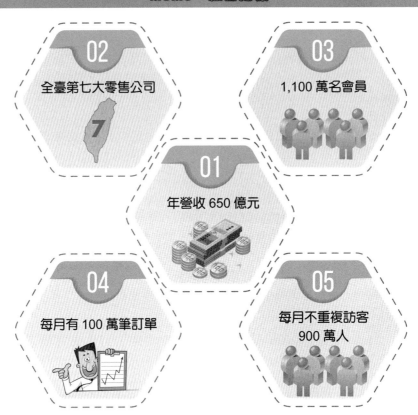

momo：經營指標

02 全臺第七大零售公司

7

03 1,100 萬名會員

01 年營收 650 億元

04 每月有 100 萬筆訂單

05 每月不重複訪客 900 萬人

momo：成功四大關鍵

1 一切講求快速！

2 打造物美價廉平臺！

3 對供應商付款條件好！

4 商品豐富、齊全、可一站購足！

5-48 臺灣電子商務最新發展趨勢

一、雅虎奇摩電商事業部觀察分析

（一）2015 年 2 月，臺灣行動上網的比例已超過電腦。Mobile 的重要性超過 PC。

（二）雅虎奇摩 5 月分的數據顯示，利用行動手機下單購物比率占全部訂單的 40%，當年年底估計衝到 50%，行動購物呈現快速成長態勢。

（三）週六、週日是行動購物下訂單的高峰期，遠比週一到週五高很多。

（四）現在零售業的新戰場是在行動購物。

（五）根據最新數據顯示，雅虎奇摩行動 APP 購物的消費者轉化率（即下單率）高達 8%，而一般 PC 轉化率是 5%，亦即行動購物轉化率比 PC 高出 60%。

（六）未來消費者各種需求，都在智慧手機上完成，消費行為快速改變中。

（七）要經常市調，才能瞭解及掌握消費要的是什麼。

（八）O2O 虛實整合模式，必是未來電商要走的路。

（九）雅虎奇摩追求在資訊技術、服務及行銷上不斷領先創新。

（十）堅定地要以消費者為導向：1. 消費者在哪裡，我們就在哪裡；2. 消費者不分虛實，只要更方便；3. 用消費者喜歡溝通的方式、內容及工具與他們溝通。

（十一）電子商務乘風破浪趨勢，已不可阻擋。

二、雅虎奇摩亞太區資深副總裁鄒開蓮觀察分析

（一）臺灣每個月已經有 960 萬人上網購物，即將超過 1,000 萬人。

（二）行動電子商務比重愈來愈高。

（三）電子商務的三大關鍵是商品力、品牌與價格。

（四）現在消費者的習慣已經轉移，電子商務已經變成零售業的最大通路。

（五）她去韓國首爾東大門逛街，問了當地的朋友哪間店最好，但當地的朋友卻回答「I only buy online.」（我只上網買東西），這樣的浪潮正在席捲全球。

（六）根據雅虎的數據來看，週末及週日用手機購物的人，比上班日更多。

（七）以前電子商務只是販賣實體商品，現在食衣住行已全面電子商務化。

（八）透過消費者洞察與數據，瞭解使用者。

三、小結

（一）未來人們的食、衣、住、行、育、樂全面生活都將電子商務化，無處不電子商務化，電子商務將是零售業的最大通路及代表性。

（二）行動購物現在及未來，都會非常、非常重要！行動購物會比在 PC 購物更加重要。

（三）行動購物的轉化率（下單率）比 PC 轉化率高出 60%，所以，著力在行動購物是對的方向。

（四）臺灣每個月的電子商務訂購人口，已突破 1,000 萬了。

臺灣電商市場的現況與發展

臺灣電子商務最新趨勢

趨勢 ① 行動上網的流量已超過電腦上網

趨勢 ② 在實際上網訂購上,行動購物已占全部營收的 50% ～ 70%

趨勢 ③ 在行動手機下單的轉換率為 8%,比 PC 端下單的轉換率 5% 還要高

趨勢 ④ O2O 虛實整合模式,是未來電商會走的商業模式

趨勢 ⑤ 臺灣網購人口已經超過 1,000 萬人

趨勢 ⑥ 電子商務的三大關鍵是:商品力、價格力及品牌力

趨勢 ⑦ 電子商務已漸成為零售業的一個主流通路了

趨勢 ⑧ 行動購物的二個高峰時間點,一是晚上 8 點～ 12 點;二是中午 12 點～下午 2 點

5-49　大型購物中心經營概述

一、國內購物中心相繼成立

1994 年政府頒布工商綜合區設置方針與管理辦法，催生了國內第一家購物中心——由遠東集團投資的「遠企購物中心」。1999 年，首家位在桃園的工商綜合區「台茂南崁家庭娛樂購物中心」成立，自此以後，每年都有業者加入營運。

大遠百購物中心、桃園大江國際購物中心、臺北微風廣場、台北 101、大直美麗華百樂園、新北市中和環球購物中心、新北市新莊宏匯廣場、高雄統一夢時代相繼成立。

二、購物中心的組成內容

一般來說，大型購物中心的組成內容，應包括三大內容：

(一) 電影院。

(二) 休閒、餐飲、娛樂店面。

(三) 各式專櫃、大賣場。

三、購物中心經營成功不易

在臺灣，經營成功的購物中心寥寥可數，慘澹經營者不在少數，因此，高雄統一夢時代購物中心的開幕，讓購物中心再度成為話題。

這些購物中心，有的發生財務危機，有的業績不如預期，有的遭到主力合作商家撤出的噩運，但也不乏業績蒸蒸日上的。

四、遠東集團的大型購物中心

遠東集團自民國 99 年標下東南亞最大的新竹風城購物中心後，歷經約 1、2 年的時間動工改造，以 BigCity 遠東巨城購物中心問世，內含遠東 SOGO 百貨，總土地面積約 1 萬 1,920 坪，總建物面積約 10 萬 3,017 坪，營業面積占 6.9 萬坪，是 1 棟地下 5 樓、地上 12 樓的大型環型商場建築。BigCity 遠東巨城購物中心以「Simple for You」服務理念與「New Life」環保概念為經營與設計主軸，堪稱北臺灣「尚」大的購物中心。

全新打造美食、流行、娛樂的複合式購物中心，強調一次購足、滿足全客層需求；更斥資打造全臺唯一舊金山主題造景；美食街整體以中式臺灣老街、日式和風、法式庭院造景凸顯品牌特色、超過 2/3 品牌皆為新竹獨家；強調全客層的巨城購物中心更引進許多新型態娛樂大店，例如：數位 IMAX 威秀影城、誠品書店、可愛 OPEN 小將也在此成立 OPEN PLAZA 全臺第 4 家店，以及湯姆熊歡樂世界均是小朋友的最愛，還有最大室內運動場地、主題式運動餐廳。

國內較知名購物中心及Outlet

名稱	地點
1.微風廣場	臺北市
2.京站廣場	臺北市
3.大直美麗華	臺北市
4.大遠百	新北市、臺中市、新竹市
5.夢時代	高雄市
6.環球購物中心	新北市
7.台茂	桃園
8.大江	桃園
9.三井Outlet	新北市林口區、臺中區
10.華泰Outlet	桃園

大型購物中心組成內容

1.電影院

5.各式專櫃

2.餐飲、美食

4.超市、大賣場

3.休閒、娛樂場所

5-50 購物中心經營成功要素

國內購物中心專家萬憲璋 (2007) 認為，購物中心想要經營成功的相關要素有以下幾點，值得深思：

一、開發業者扮演要角，要具有專業性

購物中心要經營成功，開發業者扮演要角。首先，開發業者須擁有技術開發的能力，建築、租賃、管理、法律、保全、財務、社區關係經營等專業知識不可或缺，據以擬訂經營計畫。

購物中心源自歐美，歐美土地廣大，購物中心都屬狹長型。臺灣因土地狹小，只能利用有限的空間建造出垂直型的購物中心。除了考量硬體性的建築物技術問題外，軟體性的市場調查、商品計畫、店鋪選擇也必須考慮周詳。

二、業者要具有高度管理能力

購物中心涉及的層面廣泛，在設備、建物、人員、營業等各方面，都需要有良好的管理能力。最後要有資金能力，除了自有資金充足外，籌資能力也很重要。

三、業者要有正確的經營態度及步驟

(一) **掌握購物中心的本質**：這包括計畫性、整合性和統一管理，也就是在選擇立地上，建造計畫性的設施，有計畫性地選擇符合地區居民的商店，建設一個涵蓋百貨公司、專賣店和服務設施的綜合性商業設施，設店廠商在開發業者統一管理下，進行共同的活動。

(二) **遵循購物中心的原理原則**：購物中心為了滿足一次購足的功能，商品結構上必須謹守若干原則，首先要網羅所有必要的商品，以滿足消費者一次購足的需求；其次要設立多家商店，讓消費者能夠貨比三家；而且商店間不可過度競爭，以發揮統一管理的功能。

(三) **遵循購物中心的開發步驟**：從進行市場調查、擬訂計畫、建造主體建物、擬訂商品計畫、選擇商店、內部裝潢、商品進店等到開幕，必須循序漸進。

四、立地條件很重要

綜合上述，可知立地條件、商品結構、商店條件、公共設施功能、經營理念是購物中心經營成敗的關鍵。

立地條件不好，會影響經營績效。由於購物中心投資金額龐大，投資前務必進行完整的立地調查，包括商圈調查、店址調查。商圈調查包括範圍、環境、人口、交通、行人流量、設施、競爭店等；店址調查則包括地點、面積、道路、土地等。

大型購物中心立地調查與成功元素

1. 開發業者扮演要角，要具有專業性

2. 業者要具有高度管理能力

大型購物中心成功四要素

3. 業者要具有正確的經營態度及經營步驟

4. 立地條件很重要

立地調查的二大部分

（一）商圈調查

＋

（二）店地調查

例如：新北市板橋大遠百及新竹市大遠百購物中心的立地條件，都不錯。

5-51 臺北內湖二大暢貨中心

一、臺北暢貨中心現況

（一）看準許多人愛名牌卻得省錢吃泡麵，滿足買名牌的慾望，管家婆科技投資 2 億元打造全臺最大型的禮客時尚館 LEECO Outlet，與鄰近的 in base 在內湖倉儲批發專用區點燃 Outlet（暢貨中心）戰火。

（二）管家婆科技繼投資 PiiN 品東西家居後，經過兩年規劃，耗資 2 億元投資禮客時尚館，號稱是全臺首座大型精品 Outlet，地點位在內湖好市多 (COSTCO) 量販店隔壁。

（三）管家婆科技董事長翁素蕙說，她希望消費者平價就能買到台北 101 及新光三越信義新天地 A9 館的精品，這是她投資 Outlet 的主因。

（四）早在禮客時尚館開幕前，班尼路 (Baleno) 集團耗資 3.5 億元也在內湖倉儲區打造 in base 暢貨中心。

in base 結合臺灣迪生、香港迪生、臺灣藍鐘、先施名品等時尚代理品牌，網羅三十多個品牌，第一年業績目標超過 6 億元。除了 Outlet 及餐飲，2、3 樓則是管家婆投資的品東西家居。

二、案例：暢貨中心過季名牌折扣店——禮客時尚館

（一）禮客時尚館投資二年已回收，居國內 Outlet 第一位，以低價取勝。

多數消費者在不景氣時，購買名牌更精打細算，也帶動過季服飾專賣店的銷售。管家婆科技以 2 億多元成立的禮客時尚館，2005 年 7 月開幕，2009 年就已回本，營收穩步向上，穩坐國內過季名牌折扣店的龍頭寶座。

禮客時尚館的品牌陣容堅強，包括不少官夫人、企業貴婦都愛的設計師服飾品牌夏姿，就選在禮客時尚館設立全臺唯一過季服飾專賣店，業績榮登禮客時尚的暢銷排行榜。其他包括：BOSS、藍鐘代理的 Blumarine、MOSCHINO、以及休閒服飾 Roots、休閒鞋 Hush Puppies 及滿心企業代理的品牌，也都是業績名列前茅的品牌。

百貨公司銷售正貨的平均客單價為 3,000 元，而禮客時尚館的商品平均下殺 3 折，平均客單價仍可達 2,000 元，讓業者很滿意。

（二）每年赴歐洲採購名牌，過季折扣是原價的 2～4 折，消費者在不景氣中，對過季便宜名牌需求大增。

管家婆科技董事長翁素蕙生意腦筋動得快，因為自己愛買名牌，乾脆做起過季名牌折扣店的生意。把興趣變成生意，一手打造的禮客時尚館，不但滿足品牌愛好者的需求，也為自己開創新的事業舞臺。

國內Outlet比一比

臺北內湖兩大Outlet比較

賣場	1. in base	2. LEECO
第一年業績目標	超過6億元	5.8億元
業種組合	服裝、家居	服裝、餐飲
時尚品牌折扣數	正牌的1～5折起	正牌的2～6折起

國內主要四大Outlet發展狀況

名稱	投資金額（億元）	地點	特色
1. 華泰名品城	200	桃園	美國式 Outlet，低密度建築風格，以國際品牌為主
2. 林口三井 Outlet Park	58	林口	日式暢貨中心模式
3. 禮客	---	臺北 臺中	市中心易到達的簡易 Outlet
4. 義大世界	200	高雄	兼具觀光娛樂的大型一站式遊樂世界

5-52 大型連鎖零售商的競爭優勢

國內外均有大型連鎖零售商，包括臺灣的統一超商、家樂福、遠東百貨與遠東 SOGO 百貨、全聯福利中心、屈臣氏等；國外則有更多跨國性大型零售商。他們大致擁有六項競爭優勢，包括：1. 價格競爭力；2. 商品調整採購競爭力；3. 商品開發力；4. 業務及人力成本控制削減力；5. 資訊情報與 Know-How 共有競爭力；6. 全國性品牌形象力。

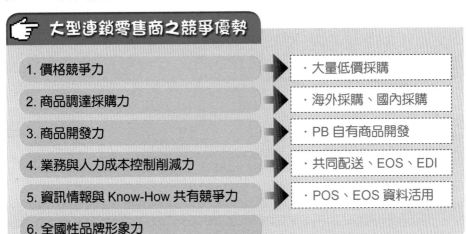

大型連鎖零售商之競爭優勢

1. 價格競爭力	・大量低價採購
2. 商品調達採購力	・海外採購、國內採購
3. 商品開發力	・PB 自有商品開發
4. 業務與人力成本控制削減力	・共同配送、EOS、EDI
5. 資訊情報與 Know-How 共有競爭力	・POS、EOS 資料活用
6. 全國性品牌形象力	

另外，如下圖所示為全球性巨大零售業者代表，包括有 Wal-Mart、COSTCO、TESCO、Carrefour、7-11 等。

世界各國超大型零售業者代表

・美國 Wal-Mart COSTCO	・法國 Carrefour
・英國 TESCO	・日本 AEON（永旺） 7-11

發展海外市場及全球化事業

國際超大型零售商與競爭優勢

超大型連鎖零售商的六大競爭優勢

1. 具價格競爭力（大量採購之低價）

2. 國內外商品快速採購力

3. 製造商品牌及PB自有商品品牌開發力

4. 快速及多頻次的物流配送力

5. POS資訊情報應用與共有分享力

6. 全國性品牌形象力

全球性巨大型零售業代表

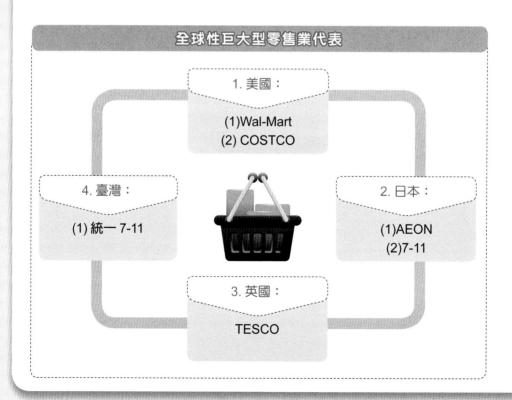

1. 美國：
(1)Wal-Mart
(2) COSTCO

4. 臺灣：
(1) 統一 7-11

2. 日本：
(1)AEON
(2)7-11

3. 英國：
TESCO

5-53　零售店業績來源公式

一、零售業績計算

　　任一家零售店的業績來源，基本上就是：每天來店購買客戶數 × 平均客單價＝每天的營收業績。

　　這是淺顯而易懂的，但問題的重點在於：

　　(一) 如何提高來店購買客戶的人數？及來店的頻率？

　　(二) 如何提高他們的每次購買客單價？

　　因此，這裡的重點就是思考如何利用各種促銷手法，端出創新產品、各種廣告宣傳，以及會員經營的手法等，以提升客戶數及客單價的目標，這是屬於行銷 (Marketing) 的領域。

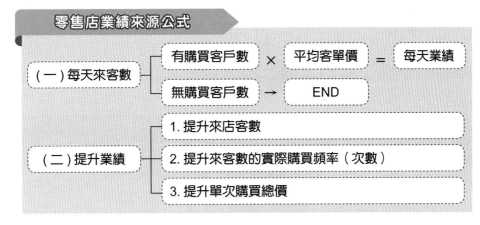

零售店業績來源公式

(一) 每天來客數 ─── 有購買客戶數 × 平均客單價 ＝ 每天業績

無購買客戶數 → END

(二) 提升業績 ─── 1. 提升來店客數

2. 提升來客數的實際購買頻率（次數）

3. 提升單次購買總價

二、無店鋪販賣經營要點

　　要成功經營無店鋪販賣，應注意下列幾個要點：

　　(一) 要建立完善的客戶資料檔案（CRM，顧客關係管理的一種資訊系統）。

　　(二) 產品要具備足夠的特色（或銷售獨特點）。

　　(三) 定價要合理，不應比店面貴。

　　(四) 要建立快速的配送系統（委外處理，宅配公司已日趨普及進步）。

　　(五) 要有負責任的售後服務作業（客服中心平臺）。

　　(六) 要建立企業形象及商譽，讓消費者信任。

　　(七) 要有一套規劃完善的經營管理制度與資訊 IT 系統（電話訂購、物流出貨、信用卡刷卡及商品資訊四大系統）。

　　(八) 要擇定適合做無店鋪販賣之產品類別。

　　(九) 要努力開展行銷動作，建立消費者心目中的品牌知名度。

　　(十) 需有可信賴與安全的金流機制與銀行配合。

零售店提升來客數與業績祕訣

零售店業績來源公式及提升總業績三大要因

店每天業績	=	每天來客數	X	客單價

1. 提高來客數	2. 提高客單價	3. 提高來店頻次

提高總業績

提高來客數及客單價五大要因

1.
提高
產品力

2.
提高促銷
活動力

3.
提升
服務力

4.
增強
價格力

5.
滿足顧客需求，
與超越他們的
期待

5-54 消費品供貨廠商的零售通路策略

一般消費品供貨廠商，例如：品牌大廠 P&G、Unilever、花王、金百利克拉克、雀巢、統一、金車、味全……等，或是手機行動服務公司，例如：台灣大哥大、遠傳、中華電信……等，他們對下游通路公司或經銷商、零售商或是自己直營門市店、加盟店等都非常重視，各有操作手法及策略。對大型零售商的應對策略如下：

一、設立大客戶組織單位，專人對應

供貨廠商通常會設立 Key Account 零售商大客戶，例如：全聯福利中心、家樂福、統一超商、大潤發、屈臣氏……等都視為重大客戶，因此設立專員小組或高階主管的組織制度，以統籌並建立與這些大型零售的良好互動人際關係。

二、全面善意配合他們的行銷促銷活動及政策

品牌大廠應全面善意配合這些零售大客戶的政策與促銷需求，他們才會視我們為良好合作的往來供應商。

三、加大店頭行銷預算

大型零售商為提升他們的業績，經常也會要求各個大型供貨品牌大廠多多加強店頭行銷活動的預算，亦即多舉辦價格折扣促銷優惠活動，以促進買氣。

四、全臺性密集鋪貨，讓消費者便利購物

供貨大廠基本上都會朝著全臺大小零售據點全面鋪貨的目標，除了大型連鎖零售據點外，比較偏遠的鄉鎮地區，也會透過各縣市經銷商的銷售管道而鋪貨出去。務期達到全臺密集性銷貨目標，此對消費者也是一種便利性。

五、加強與大型零售商獨自合作促銷活動

現在大型零售商除了全店大型促銷活動外，平常也會要求各品牌大廠輪流與他們舉行獨家合作推出的價格折扣 SP 促銷活動，此亦能帶來零售商業績的上升。

六、加強開發新產品，協助零售商增加業績

供貨廠商舊產品賣久了，銷售自然會略降或平平，不易增加，除非增加新產品上市，因此，零售商也會要求供貨廠商提供新產品上市，以提振買氣。

七、爭取好的與醒目的陳列區位、櫃位

供貨廠商業務人員應該努力與現場零售商爭取到比較有利的、比較醒目的產品陳列位置，如此也較有利消費者注目或便利拿取。

八、投資較大廣告費支援銷售成績

供貨廠商在大打廣告期間，理論上，銷售業績都會增加。因此，零售商也會對供貨廠商要求有廣告預算支出，來強打新產品，促進零售據點的業績增加。

九、考慮為大零售商自有品牌代工的可能性

現在大零售商也紛紛推出自有品牌，包括洗髮精、礦泉水、餅乾、清潔用品、泡麵……這些無異都跟品牌大廠搶生意，因此引起品牌大廠的抱怨。所以，大零售商都找中型供貨廠代工 OEM，因為其受影響性比較小。

201

鞏固大型零售通路策略

全國性品牌廠商對大型零售商的應對策略

大型供貨商對大型零售商的對策

1. 設立大客戶組織單位，由專人對應

2. 全面善意配合他們的行銷／促銷活動及政策

3. 加大店頭行銷預算

4. 全臺性密集鋪貨，讓消費者便利買到東西

5. 加強與大型零售商獨自合作促銷活動

6. 加強開發新產品，協助零售商增加業績

7. 爭取好的與醒目的陳列區位及櫃位

8. 投入較大廣告支援銷售成績

9. 考慮為大零售商自有品牌代工的可能性

指定重要業務幹部專責大型零售商

① 全聯超市
② 7-11便利商店
③ 家樂福量販店
④ COSTCO量販店
⑤ 屈臣氏美妝店
⑥ 新光三越、遠東 SOGO

專人專責應對

P&G 公司深耕經營零售通路 Part I

一、廣告效益下滑，通路行銷重要性上揚

面對日益強大的通路勢力與競爭壓力，即使強勢如 P&G（寶僑家品），也不能不正視通路的重要性與影響力，並採取積極的因應對策。

在臺灣市場，除了藉由專業的行銷部門持續拉攏消費者，寶僑家品更積極地透過業務部門，企圖拉攏與通路客戶之間的關係。P&G 曾經自認旗下擁有諸多強勢品牌，只要持續把資源投在拉回 (Pull) 的策略上，消費者自然會到賣場去指名購買，對於通路客戶沒有投資許多資源與心力，結果使得 P&G 與通路之間的關係不甚融洽。

問題在於，隨著廣告有效性的滑落，消費者忠誠度降低，競爭壓力日高，以及通路勢力的日益抬頭。

P&G 逐漸體認到，光靠品牌優勢已不足以號令天下，於是開始認真思考應如何改弦易轍，積極與通路客戶建立良好的關係，有效打通通路這個行銷運作的任督二脈。

在這個前提下，寶僑家品對業務部門的期待與資源投入，迥異於前，例如：業務部門積極與通路合作，進行聯合行銷與店內行銷等活動。如 DM 廣告、特殊陳列、店內展示、派駐展售人員等等，以換取通路客戶對寶僑家品旗下品牌的善意與配合。

二、成立 CBD 專責單位（大零售商客戶業務發展部）

對通路策略的調整，及顧客導向的經管理念，寶僑家品於 1997 年將業務部門重新命名為客戶業務發展部 (Customer Business Development, CBD)，並由 P&G 體系裡請一位專家前來主持，專心致力於跟顧客一起改善管理，藉由效率提升來賺錢，爭取顧客的信任與對 CBD 的專業肯定，使客戶與公司的業務發展達到雙贏局面。

重新定位後的 CBD 有下列四個努力方向：

(一) 幫助客戶選擇銷售 P&G 的產品。

(二) 幫助客戶管理產品陳列空間及庫存。

(三) 建議客戶合適的定價，幫助他們獲利，並增加業績。

(四) 幫助客戶設計有效的行銷手法吸引顧客，並增加銷售量。

由上述任務可以清楚地知道，CBD 是典型顧客導向的組織，所有任務都是站在客戶的立場，提供客戶所需的專業銷售建議與協助，以提升顧客的業績與獲利，連帶地也能賣出更多公司產品。

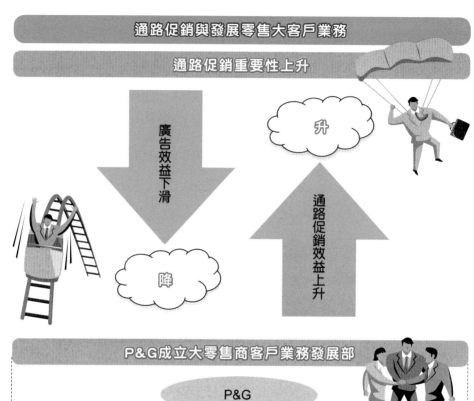

通路促銷與發展零售大客戶業務

通路促銷重要性上升

廣告效益下滑

降

升

通路促銷效益上升

P&G成立大零售商客戶業務發展部

P&G

CBD 部門
(Customer Business Development)

專責應對大型零售連鎖公司之需求與協調、互動、回應

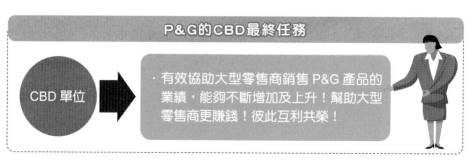

P&G的CBD最終任務

CBD 單位

・有效協助大型零售商銷售 P&G 產品的業績，能夠不斷增加及上升！幫助大型零售商更賺錢！彼此互利共榮！

P&G 公司深耕經營 零售通路 Part II

三、P&G 為拉攏大型連鎖零售商，所做的七大努力

　　根據輔大廣告系教授蕭富峰對臺灣 P&G（寶僑家品公司）所做的深度研究，他指出臺灣 P&G 為建立與大型零售商通路的互信雙贏夥伴關係，做了七大努力：

　　（一）經過專業的訓練之後，寶僑家品將業務人員轉型為「專業的客戶經理」，職司客戶管理，並扮演類似銷售顧問的專業角色，提供客戶專業的銷售規劃與建議。在與客戶洽談的時候，客戶經理是以公司代表的名義出面，為客戶提供跨品類的全方位解決之道，以節省客戶的寶貴時間，並提升雙方的運作效率。

　　（二）針對特定的策略性客戶，寶僑家品會自行幫客戶進行通路購物者調查，以深入瞭解特定客戶的購物者描繪與需求狀況，並建立購物者資料庫。這些資料在擬定專業銷售建議時，非常管用，並可以充分展現出寶僑家品對客戶的關心。

　　（三）設置 CMO(Customer Marketing Organization) 一職，由表現優異的資深客戶經理出任，專門負責通路行銷相關作業，並擔任與其他部門的溝通窗口，使客戶獲得專業的行銷協助，並與其他部門之間的溝通暢行無阻。

　　（四）依照顧客導向的理念，按通路型態及生意規模如量販、個人商店暨超市、經銷商及家樂福等通路別設置通路小組 (Channel Teams)，專門負責經營特定通路客戶，以提供客戶群更專業的服務。

　　（五）每位通路協理旗下均設多功能專業小組 (Multi-Functional Team)，其中包括產品供應部、資訊部、財務部及品類管理等專業人員，直接歸通路協理管轄，負責提供客戶多功能的專業服務。因此，客戶的資訊人員可直接與小組的資訊人員進行專業對談，客戶的財務人員也可以與多功能小組的財務人員直接溝通。溝通工作變得迅速而有效率，並對解決問題與提升效率大有幫助。

　　（六）藉有效的新產品導入、產品組合管理、有效的促銷，以及有效率的物流配送與倉儲管理，協助客戶降低成本、提高效率，並帶動客戶的來店人潮與業績。

　　（七）大力推動「有效率的消費者回應」(Efficient Consumer Response, ECR)，透過零售商與供應商的共同努力，創造更高的消費價值，並將供應鏈從昔日由供應商推動的不效率，轉變成由消費者拉動的顧客滿意系統，從而達到供應商、零售商、消費者三贏的結果。

　　寶僑家品在 ECR 的專業上有很大的優勢，可以提供客戶專業建議與服務，以便在需求面上從消費者的角度思考如何有效創造消費者需求，並提供有效率的商品化；在供給面上商討如何提高供應鏈效率；以及支援技術面上如何知道消費者的需要與心中的想法、如何知道供應鏈的機會、以及如何衡量與應用等有所突破。一旦順利推動 ECR，零售商因為效率提升與成本降低，能以更低廉的售價回饋消費者，從而建立消費者忠誠度，創造更大的利潤空間。

服務大型零售商策略

 D&G 為大型零售商所做的七項努力工作

1. 將一般業務人員，提升轉型為「專業的客戶經理」

2. 進行大型零售商各區域的消費者輪廓分析與建議

3. 設立行銷操作小組，配合零售商的行銷與促銷活動

4. 依據不同的通路型態，搭配專責客戶通路經理應對

5. 提供多功能小組，含括商品供應部、資訊部、財務部等提供零售商全方位服務

6. 持續創新產品，導入新品牌，為零售商提升業績

7. 推動「有效率的消費者回應」，創造三贏

P&G 對零售商的多功能服務小組

專責客戶業務協理
（CBD 部）

1.品牌人員行銷配合	2.資訊人員配合	3.財會人員配合	4.業務人員配合	5.物流人員配合

四、CBD 為市場競爭力加分

　　根據輔大廣告系蕭富峰教授的研究結果，也認為 CBD 的專責組織模式，的確為 P&G 產品在市場競爭力上得到加分效果。他的研究認為：

　　今日，寶僑家品的 CBD 部門已經成為許多客戶的策略合作夥伴，扮演專業銷售顧問的角色，並與行銷部門緊密合作，有效拉攏客戶與購物者的心，在第一個關鍵時刻裡，爭取最多購物者選購 P&G 旗下的產品，並讓客戶有利可圖。寶僑家品今天之所以能在臺灣市場上擁有領先地位，固然行銷部門貢獻不少，但 CBD 的專業銷售能力也絕對要記上一筆。CBD 為市場競爭力加分的原因大致如下：

　　(一) 與客戶建立互信雙贏的夥伴關係。

　　(二) 顧客導向的組織結構與運作邏輯。

　　(三) ECR 與產品類別管理 Know-How。

　　(四) 豐沛的購物者與消費者資料庫。

　　(五) 行銷專業能力。

　　(六) 雙方高階主管的默契與信任。

　　為了有效通過兩個關鍵時刻的考驗，除了 CBD 持續耕耘客戶關係與掌握購物者習性之外，行銷人員必須作市調資料的分析與解讀，並與市場保持持續的接觸，以累積對消費者的瞭解與認識，再從中逐漸萃取出消費者洞察（Consumer Insights）。

　　然則，消費者洞察要如何產生呢？這需要長期的專業訓練，持續的教導與學習、冒險與嘗試錯誤的勇氣、與市場的持續接觸、豐沛的資料庫與知識庫、大量的市調資料、許多的努力與用心，以及一點點慧根。除此之外，還需要耐心與時間的累積。

　　不過，擁有深入的消費者洞察與優異的行銷能力，並不意味寶僑家品所有行銷活動都可以每戰皆捷，只不過成功機率較競爭者高出一截罷了。寶僑家品與競爭同業的差別在於對消費者的洞察掌握的深入程度，專業行銷能力的優異程度，以及跨部門團隊合作的有效運作程度等因素上，這些因素的差異足以影響到行銷運作成功機率的高低，可謂失之毫釐、差之千里。

P&G的價值觀與CBD效益

P&G公司的宗旨及價值觀

公司宗旨

為現在和未來的世世代代，提供優質超值的品牌產品和服務，美化世界各地消費者的生活，作為回報，我們將會獲得領先的市場銷售地位、不斷增長的利潤和市值，從而令我們的員工、股東以及我們生活和工作所處的社會共同繁榮。

公司價值觀

消費者

寶僑公司價值觀

領導才能
主人翁精神
誠實正直
積極求勝
信任

寶僑品牌

寶僑人

寶僑品牌和寶僑人是公司成功的基石。
在致力於美化世界各地消費者生活的同時，寶僑人實現著自身的價值。

寶僑公司，就是寶僑人以及他們遵從的價值觀。我們吸引和招聘世界上最優秀的人才。我們實行從內部發展的組織制度，選拔、提升和獎勵表現突出的員工而不受任何與工作表現無關的因素影響。我們堅信，寶僑的所有員工始終是公司最為寶貴的財富。

P&G的CBD專責組織提升在大型零售端競爭力

① 與零售商客戶建立互信雙贏的夥伴關係

② 顧客導向的組織結構與運作邏輯

③ ECR 與產品品類管理 Know-How

④ 豐沛的消費者市調資料庫

⑤ 提供品牌行銷專業能力

⑥ 雙方高階主管的默契與信任

5-58 國內零售百貨業發展五大趨勢

綜觀自 2020 年以來，到 2025 年之間，臺灣以及全球零售百貨市場，已呈現以下五大發展趨勢：

一、便利商店大店化趨勢

過去便利商店大都是在 20～25 坪小店化的格局，經過這幾年來，便利商店成功增加了餐飲座位區，以及鮮食櫃位的空間，因此，便利商店均已快速轉向 30 坪、40 坪、50 坪等大店化格局發展，事實證明，大店化提高來客數及店業績收入。

二、量販店小型化、社區化趨勢

過去，量販店都強調空間坪數大，但由於都會區的大空間難找，再加上消費者要開車去買東西，多少有些不便利。量販店業者近年面臨來客數及業績停滯不利狀況，均改朝量販店小型化／超市化的方向拓展店數。

三、超大型購物中心發展趨勢

臺灣市場過去是以百貨公司為主力，但近年來，百貨公司已面臨一些困境。因此，新業者都轉向大型購物中心化方向發展。例如：大遠百購物中心算是遠東百貨公司轉型成功的案例。這種結合電影院、餐飲店、購物店及專櫃等複合型購物中心，都會有很好的發展。高雄夢時代購物中心也是一樣。

四、百貨公司櫃位大轉型，朝向餐飲、增辦活動，吸引來客

近年來，百貨公司也曾面臨業績停滯及來客減少之困境，所幸，包括新光三越這些大型百貨公司都積極轉型，重新配置櫃位空間及商品型態的轉變。最明顯成功的轉型，就是各式平價位及中價位的各種美味知名連鎖餐廳進駐到百貨公司裡。此外，在 B1 及 B2 地下美食街也擴充坪數，引進更多美味的餐飲區。

根據最新統計，新光三越百貨公司營收額占第一位的，竟是餐飲收入；第二位是化妝保養品收入；第三位則是精品收入。

五、平價社區型超市，持續大幅展店

由於消費者比較偏愛具有就近社區方便購物的實際需求，因此，像全聯福利中心這家全國第一大的超市，近五年來，已快速展店成功，到 2020 年 12 月分已達到 1,000 店了，該公司預計 2025 年的目標是 1,200 店，而年營收總額，目前約 1,300 億，最終將朝向 2,000 億，全聯福利中心，過去是以乾貨日常用品為主，但近年來加強生鮮專區的導入，已成全方位的超市。

零售百貨業的轉型與發展

國內零售百貨業未來發展五大趨勢（2016～2020年）

1. 便利商店大店化趨勢

2. 量販店小型化、社區化趨勢

3. 超大型購物中心發展趨勢

4. 百貨公司櫃位大轉型，朝向餐飲，並且增辦各種藝文活動，吸引來客

5. 平價社區型超市，持續大幅展店

各零售業的轉型趨勢

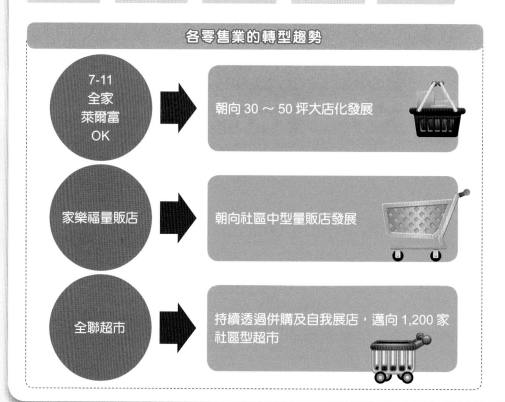

7-11
全家
萊爾富
OK
→ 朝向 30 ～ 50 坪大店化發展

家樂福量販店
→ 朝向社區中型量販店發展

全聯超市
→ 持續透過併購及自我展店，邁向 1,200 家社區型超市

第 6 章
流通業之商流與行銷 4P 組合策略

一、商流的意義

　　流通業中的商流，即是商品流；換言之，是流通業者如何將商品行銷出去與將商品所有權移轉，從而得到營收及獲利。因此，商品流主要的重點，就是談流通零售業及流通服務業，如何做到有效的行銷與營業作為，讓商品快速流轉出去。

二、流通業行銷組合操作概述

　　流通業或流通零售業，在提升他們店面業績的行銷作業上，其實跟製造業的產品廠商並無太大差別。基本上，仍然可以用傳統的「行銷 4P 組合」來做基礎分析及說明。

　　(一) **流通業「行銷 4P 組合」的內容**：行銷組合 (Marketing Mix) 是行銷作業的真正核心，它是由產品 (Product)、價格 (Price)、通路 (Place) 及促銷 (Promotion) 等四個主軸所形成。由於這四個英文名詞均有一個 P 字，故又稱為行銷 4P。換言之，行銷「組合」又稱「4P」。如下圖所示。

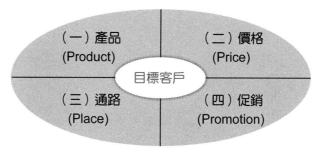

行銷 4P 組合

	1.廣告	2.銷售促進	3.公關	4.人員銷售	5.直效行銷
促銷的五種細分	·印刷品及廣播 ·產品外包裝 ·傳單 ·郵件 ·型錄 ·宣傳小冊子 ·海報 ·工商名錄 ·e-DM	·競賽、遊戲 ·抽獎、彩券 ·獎金、禮物 ·派樣 ·商展 ·發表會 ·體驗（試用） ·折價券	·記者招待會 ·研討會 ·慈善樂捐 ·公共報導 ·演講 ·年報 ·法人說明會 ·股東大會 ·工廠參訪 ·專訪報導	·銷售簡報 ·銷售會議 ·電話行銷 ·激勵方案 ·業務員樣品 ·商展或特展	·產品型錄 ·郵件(DM) ·電話行銷 ·網路行銷 ·電視購物 ·傳真 ·e-DM ·簡訊 ·e-mail

　　(二) **為何是「組合」(Mix) 呢**：主要是流通零售企業要成功的話，必須是「同時、同步」及「環環相扣、一致性」，要把 4P 都做好，任何一個 P 都不能疏漏。

商流的涵義與手法

商流的意義

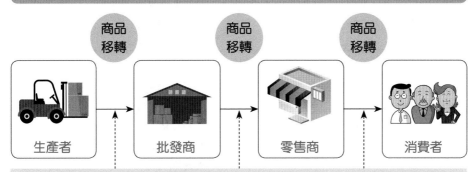

商品移轉	商品移轉	商品移轉
生產者	批發商	零售商	消費者

商流：商品所有權移轉，以及所關聯到的談判、價格、交易數量、交易期及付款方式等均屬之。

促進商流的各種方法手段

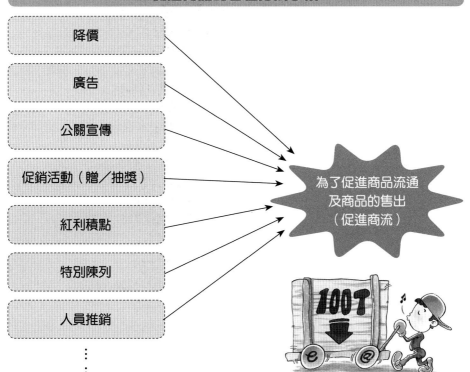

- 降價
- 廣告
- 公關宣傳
- 促銷活動（贈／抽獎）
- 紅利積點
- 特別陳列
- 人員推銷
- ……

為了促進商品流通及商品的售出（促進商流）

流通業行銷 8P/1S/1C 組合擴大意義

一、行銷 8P/1S/1C

筆者把行銷 4P，擴張為流通服務業行銷 8P，主要是從 Promotion 中，再細分出來更細幾個 P，包括：

（一）第 5P：Public Relation，簡稱 PR，公共事務作業，主要是如何做好與電視、報紙、雜誌、廣播、網站等五種媒體的公共關係。

（二）第 6P：Personal Sales（或 Professional Sales），即個別的銷售業務或銷售團隊。因為很多服務業，還是仰賴人員銷售為主。例如：壽險業務、產險、財富管理、基金、健康食品、補習班、化妝品專櫃、服飾連鎖店專櫃、SPA 專門店、健康運動會員卡、男性西服、男性休閒服、名牌精品專門店……，幾乎都須有業務部門。

（三）第 7P：Physical Environment（或稱 Physical Evidence），即實體環境與情境的影響。服務業很重視現場環境的布置、刺激、感官感覺、視覺吸引等。因此，不管在大賣場、貴賓室、門市店、專櫃、咖啡館、超市、百貨公司、PUB，經銷店等，均必須強化現場環境的帶動行銷力量。

（四）第 8P：Process Service，即服務客戶的作業流程，盡可能一致性與標準化 (Standard Operation Process, SOP)，避免因不同的服務人員而有不同的服務程序及結果。

（五）1S：After Service，產品在銷售出去之後，當然還要完美的售後服務。包括客服中心、維修中心及售後服務等，均是行銷完整服務的最後一環，必須做好。

（六）1C：係指 CRM (Customer Relationship Management)，即顧客關係管理或稱會員忠誠鞏固經營。由於現代各品牌、各廠商競爭激烈，因此，都紛紛關注如何維繫住忠誠老顧客，給予他們各種分級式的優惠及對待。此外，在爭取新會員方面也會有新作法，希望擴大會員規模。

二、流通業行銷另外的 4C

（一）Customer-Orientation/Customer Value：店裡的產品組合、項目、品質、特色等，是否能為顧客創造出更多的價值感出來。

（二）Cost Down：店裡的進貨成本及營運成本是否能不斷的控制及下降，然後回饋到售價，給顧客帶來更多的利益。

（三）Convenience：全聯福利中心的 1,000 店、燦坤 345 店、屈臣氏的 591 店、家樂福的 70 店等，都是具有購物便利性的功能。

（四）Communication：流通零售業在廣告宣傳與品牌形象宣傳上，仍須做一定程度的投入才行。例如：統一超商、家樂福、全聯、新光三越、遠東 SOGO 百貨、屈臣氏、燦坤、全國電子等，他們的促銷型廣告、新產品廣告、形象廣告等，都會在電視、報紙、雜誌、網站、戶外媒體等出現。

行銷8P/1S/1C組合策略

1. 產品 (Product)	6. 公共事務 (PR)
2. 價格 (Price)	7. 現場環境 (Physical Environment)
3. 通路 (Place)	8. 服務流程 (Process)
4. 促銷 (Promotion)	9. 售後服務 (Service)
5. 人員銷售 (Personal Sales)	10. 顧客關係管理 (CRM)

流通零售業行銷4P與4C的對應關係

1. Product（產品）	(1) Customer-Orientation／Customer Value，即實踐顧客導向，為顧客創造物超所值的產品出來。
2. Price（價格）	(2) Cost Down，即產品價格應隨著市場銷售的成長，而尋求成本下降及定價下降。
3. Place（通路）	(3) Convenience，即便利性，產品應普遍在各種虛實賣場上架，隨時隨地可買得到。
4. Promotion（推廣／廣告／促銷）	(4) Communication，即傳播溝通，要做好全方位的整合行銷傳播訊息任務，建立好品牌及高知名度。

4P+4C打造流通業總體行銷競爭力

流通業總體行銷競爭力

二大架構

做好、做強 4P 與 4C ✛

4P
- (1) Product（產品）
- (2) Price（價格）
- (3) Place（通路）
- (4) Promotion（推廣／促銷）

4C
- (1) Customer-Orientation及Customer Value（堅守顧客導向對創造顧客物超所值的價值）
- (2) Cost Down（持續性成本改革及下降）
- (3) Convenience（通路便利性、普及性）
- (4) Communication（整合行銷傳播有效溝通）

店頭行銷（店頭力）崛起

一、店頭力時代來臨

店頭內（門市店、大賣場、超市、百貨公司）的各種廣告宣傳與行銷活動，在近年來有愈來愈重要的趨勢。因為，很多實證研究顯示，有愈來愈高的比例，消費者在零售現場才決定選擇購買的產品或品牌；因此，有人稱之為「店頭力」時代的來臨。為此，製造商及零售商大都極力做好店頭所呈現的誘因，希望創造自己產品的良好業績。

店頭行銷是指在賣場或門市，經由多樣化促銷策略與輔銷物（如跳跳卡、POP、陳列架、珍珠板等）促進客情關係，爭取優良陳列位置，同時擴大商品陳列排數，藉以提高商品露出度與知名度，進而刺激消費者購買慾，提升銷售量。

二、常見的五種店頭行銷活動

國內行銷專家黃福瑞（2005），依據其經驗，提出常見的五種店頭行銷活動：

(一) 張貼廣告物以及布置情境

全球最大遊戲軟體商藝電只要有重量級電玩軟體發片，就會與全球各大零售賣場洽談合作，將賣場布置成電玩模擬實境。2003 年度大片《戰地風雲》上市時，各大賣場布置成戰地，讓電玩迷彷彿置身於二次大戰的諾曼地戰場。電影《哈利波特》上映時，華納威秀售票員身穿巫師服、頭戴巫師帽，也是一種情境布置的手法。

(二) 良好的陳列

陳列通常會給消費者「商品暢銷」及「物美價廉」的第一印象，若能加強美感陳列（如螺旋而上或金字塔排列方式），更能有效帶動商品銷售。其中，「端架陳列」的運用更不容忽視。一般而言，賣場三到四成的銷售額，是由貨架頭尾兩端的「端架」所貢獻，廠商必須設法搶占端架，並善加布置端架商品。

(三) 廠商週活動

如上新聯晴每年會固定舉辦為期二到四週的「國際週」及「歌林週」活動，由廠商提供贈品來促銷產品。通常廠商會提供廣告贊助費用給零售通路商，也會提供門市人員銷售競賽獎金。

(四) 消費者體驗活動

常見的有試吃活動、音樂 CD 試聽、遊戲機試玩，除可活絡賣場氣氛，吸引人潮駐足，也有助於提供銷售量。

(五) 贈品及抽獎活動

常見的有「來店禮」、「滿額禮」、「福袋」、「抽獎」及買 A 送 B 贈品活動」。每年 4 月底前的冷氣贈品活動，就是各大冷氣廠牌早販期間最重要的促銷策略。

店頭行銷五大手法

店頭力時代來臨

門市店

超市

便利店

百貨公司

量販店

美妝店

店頭廣告及促銷布置

吸客、促進銷售！

常見的五種店頭行銷活動

1. 張貼廣告物以及布置情境

2. 良好的陳列

3. 廠商週活動

4. 消費者體驗活動

5. 贈品及抽獎活動

6-4 整合型店頭行銷操作項目

一個有效的「整合型店頭行銷」內涵，不管從理論或實務來說，大致應包括下列一整套同步、細緻與創意性的操作，才會對銷售業績有助益。

1. POP（店頭販促物）設計是否具有吸引力？
2. 是否能取得在賣場的黃金排面？
3. 是否能設計一個專門獨立的陳列專區？
4. 是否能配合贈品或促銷活動（例如：包裝附贈品、買3送1、買大送小等）？
5. 是否能配合大型抽獎促銷活動？
6. 是否有現場 Event（事件）行銷活動的舉辦？
7. 是否陳列整齊？
8. 是否隨時補貨，無缺貨現象？
9. 新產品是否舉辦試吃、試喝活動？
10. 是否配合大賣場定期的週年慶或主題式促銷活動？
11. 是否與大賣場獨家合作行銷活動或折扣作回饋活動？
12. 店頭銷售人員整體水準是否提升？

由各家企業的積極態度可以發現，店頭力時代已經來臨。長期以來，行銷企業人員都知道行銷致勝戰力的主要核心在「商品力」及「品牌力」。但是在市場景氣低迷、消費者心態保守，以及供過於求的激烈廝殺行銷環境之下，廠商想要行銷致勝或保持業績成長，勝利方程式將是：

| 店頭力 | ✛ | 商品力 | ✛ | 品牌力 | ═ | 總合行銷戰力 |

案例　日本 ESTEI 化學日用品公司

ESTEI 是日本的芳香除臭劑、脫臭劑、除溼劑等生活日用品大公司。根據該公司近幾年的研發發現，幾乎有八成的消費者都是到了店頭或大賣場才決定要買什麼，而且他們發現來店客很關心哪些產品有舉辦促銷活動。

為此，ESTEI 成立一家 SBS 公司（Store Business Support，店頭行銷支援）。在 SBS 裡，配置了 433 個所謂的「店頭行銷小組」人員。這些人，每天必須巡迴被指定負責的重要店頭據點，日常工作包括：1. 在季節交替時，商品類別陳列的改變。2. 檢視 POP（店頭販促廣告招牌）是否布置好。3. 暢銷商品在架位上是否缺貨。4. 專區促銷活動之陳列安排。5. 配合促銷活動之陳列女排。6. 觀察競爭對手的狀況。

另外在 IT 活用方面，這些人員還要隨身攜帶數位相機、行動電話及筆記型電腦，每天透過 SBS 所開發出來的 IT 傳送系統，即時將他們在上百個、上千個店頭內所看到的實況，以及拍下的照片與情報狀況，包括自己公司與競爭對手公司的狀況等，都傳回 SBS 總公司的營業部門以供參考。

整合行銷操作與戰力

流通業的總合行銷戰力

① 店頭力 ╋ ② 商品力 ╋ ③ 品牌力

＝

總合行銷戰力

整合型店頭行銷操作項目

5. 試吃、試喝活動

3. 促銷、折扣活動

1. 陳列專區

6. 店內各式廣告招牌

4. 不缺貨，及時補貨

2. 黃金排面

7. 陳列的整齊性

6-5 平價（低價）行銷時代來臨

近幾年來，國內內需市場面臨了空前的低迷狀況，各行各業都陷入了極大的經營與行銷挑戰，流通業、零售業或服務業也無法避免。消費者已進入「簡約」、「節省」、「精打細算」、「有促銷才購物」、「低價才買」等的消費行銷環境中。

一、平價（低價）行銷盛行的原因

（一）國內近幾年來，實質薪資所得並未顯著增加，甚至倒退回二十年前水準。

（二）國內物價持續上漲，這是由於國外大宗物資及原物料上漲的緣故。

（三）國內失業率仍偏高，就業機會漸少。

（四）製造廠商外移中國大陸及東南亞，使工作機會減少。

（五）中產階級員工及老闆赴中國及東南亞工作，使國內消費人口減少。

（六）臺灣新生兒人口不斷下滑減少，到 2020 年只有 17 萬名新生兒，較 30 年前的 40 萬名減少了一半。預估如此下去，到 2020 年，臺灣人口已出現負成長，此即老人往生的人口數比新生兒人口數還多。此人口數的減少，就代表著市場消費力的總減少。

（七）最後，M 型社會形成了，右端的高所得有錢人大概有二成至三成，但七、八成的消費者漸向左端靠，很多成為新貧族，貧富差距擴大。

基於上述原因，我們可以總結出在這幾年之間，國內內需市場很明顯面對平價（低價）及簡約的行銷環境。

而流通零售業者也將有所因應對策與行動，否則將面臨業績及獲利的衰退。

二、7-11 的平價時尚

平價時尚時代來臨！7-11 自有品牌中訴求平價的「iseLect」系列，由國內外大廠代工生產，加上商品包裝具設計感且價格平實，推出後深受歡迎，涵蓋範圍已擴及飲料、零食餅乾，個人化冷凍食品、日用品等，7-11 與日本護唇膏第一大廠近江兄弟合作推出三款平價護唇膏，生產平價雞精、蜆精及人蔘飲與平價茶花飲料、常溫調理袋等，未來也不排除切入紅酒及罐裝咖啡等類別，讓商品一波波寧靜革命帶動國內產業升級，也以最貼近消費者生活「平價時尚」，引領消費新潮流，並成為 7-11 下一道新成長曲線！

臺灣購物趨勢與平價行銷

平價行銷時代來臨的原因

① 薪資所得 20 年來未顯著上升

② 國內物價仍有一些上漲，尤其是吃的方面

③ 少子化、老年化，代表整體消費力量的下降減縮

④ M 型社會成形，貧富差距拉大

⑤ 年輕新貧族大幅上升！月薪低於 3 萬者，有 300 萬人之多

⑥ 臺灣 GDP 經濟成長率上升無力！低於 1% 以下

消費者購物趨勢

① 節省

② 簡約

③ 精打細算

④ 有促銷才購買

⑤ 低價才買

⑥ 減少不必要消費

Date _____/_____/_____

第 **7** 章
物流與資訊科技

7-1 物流的意義、機能與基本業務

一、物流的意義

物流的簡單意義，即是如何把廠商的貨品、商品，透過物流公司及運輸公司，準時正確無誤的送達到他們所指定的地點或顧客手上。

如右圖所示，物流其實從內銷及外銷來做分類的話，又可區分為二種：

(一) 國際物流

此係指外銷廠商，如何將產品準時送達國外客戶所指定的倉儲地點、物流據點或消費零售場所。

(二) 國內物流

此係指內銷廠商，如何將產品準時送達國內客戶所指定的零售地點、門市店或庫存地點。

而這些運輸工具，可能包括了卡車、貨車、鐵路、飛機、船舶等各式各樣的交通工具，才能達成。

二、物流的機能

(一) 運送機能

物流公司如何準時及無損害的送達，這是滿足需求方與供給方雙方的目標。

(二) 保管機能

物流公司也要兼顧產品還在倉庫中，尚未送出去期間的保管責任，包括產品品質的維護及數量無缺的保管責任。

(三) 流通加工機能

此外，物流公司有時候也要符合零售商在門市店銷售的需求，而進行拆裝、組裝、組合、分裝、重包裝或簡單加工等功能。

三、物流中心的基本業務

一個有規模與功能完整的物流中心，其廠內的基本工作事項，大致包括如下：

(一) 集貨（分區集中貨品）。

(二) 檢查品質。

(三) 保管。

(四) 點選。

(五) 包裝。

(六) 捆包。

(七) 與出貨單對照。

(八) 對外運送、配送。

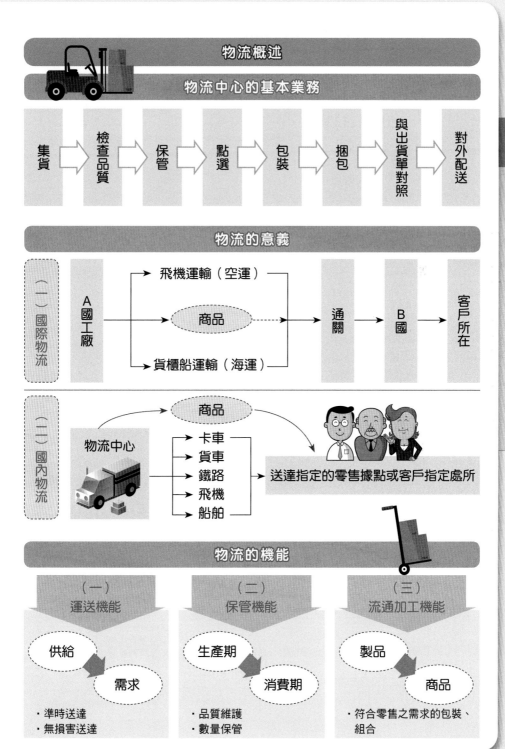

物流概述

物流中心的基本業務

集貨 ⇨ 檢查品質 ⇨ 保管 ⇨ 點選 ⇨ 包裝 ⇨ 捆包 ⇨ 與出貨單對照 ⇨ 對外配送

物流的意義

（一）國際物流

A國工廠 → 飛機運輸（空運）
A國工廠 → 商品 ⇢ 通關 → B國 → 客戶所在
A國工廠 → 貨櫃船運輸（海運）

（二）國內物流

商品
物流中心 → 卡車／貨車／鐵路／飛機／船舶 → 送達指定的零售據點或客戶指定處所

物流的機能

（一）運送機能

供給 → 需求

‧準時送達
‧無損害送達

（二）保管機能

生產期 → 消費期

‧品質維護
‧數量保管

（三）流通加工機能

製品 → 商品

‧符合零售之需求的包裝、組合

物流中心二類型與三領域

一、物流中心的二種類型

物流中心大致可以區分為以下二種不同類型：

（一）中大型企業或工廠

建立自己的物流中心。例如：國內統一企業、統一超商、味全公司、金車公司、光泉公司等，均有自己的全國各地分區物流中心。

（二）中小型企業或工廠

他們比較不需要或比較無能力建立自己的物流中心，故委託外面公司的物流中心幫他們處理，而付給物流處理費用。

物流中心的二種類型

（一）中大型企業
自己的物流中心

（二）中小型企業
委外的物流中心

二、物流的三種領域

如果從不同功能面向來看，物流應該可以再區分為三種領域，才算是比較完整的，如右圖所示。

三、物流管理的循環與目的

如圖所示，物流管理的四個循環，即是物流的 P-D-C-A；包括：物流規劃→物流執行→物流考核→物流再調整。

物流管理的循環與目的

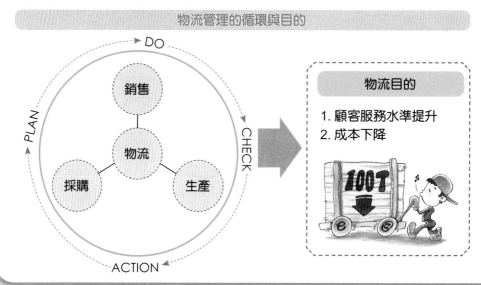

DO

PLAN

CHECK

ACTION

銷售

物流

採購

生產

物流目的

1. 顧客服務水準提升
2. 成本下降

100T

物流的三種領域

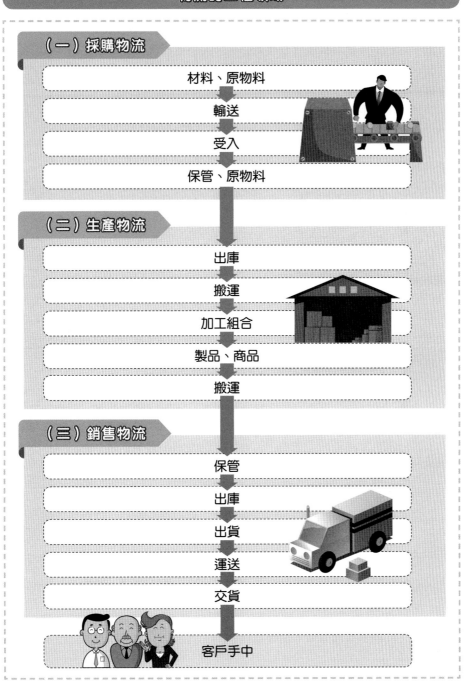

（一）採購物流

材料、原物料

⬇

輸送

⬇

受入

⬇

保管、原物料

（二）生產物流

出庫

⬇

搬運

⬇

加工組合

⬇

製品、商品

⬇

搬運

（三）銷售物流

保管

⬇

出庫

⬇

出貨

⬇

運送

⬇

交貨

⬇

客戶手中

一、物流管理的進展

　　隨著時代的演進及科技突破與全球化來臨，物流管理的進展在各時期也有不同。如右圖所示。

二、客戶對物流企業的要求希望

　　任何客戶，不管是外部客戶或內部關係企業客戶，對物流公司所提供的物流配送服務，都有以下幾點要求：

　　(一) **掌握時效與效率**：希望物流公司在指定時間與日期內能夠快速送達，不能夠拖延或誤時。

　　(二) **成本控制**：希望物流成本能夠控制在預估的範圍內，不管是國內或國外的物流成本支出。

　　(三) **全球化物流能力**：很多客戶都是跨國型大企業，市場散布在全球各地，因此，物流公司必須有全球化及時送達能力。

　　(四) **資訊化連結**：由於 IT 資訊軟硬體的發達，客戶也希望能夠與物流公司連 結，隨時查詢瞭解物品運送狀況。

　　(五) **品質確保**：客戶也會要求物流公司在運送商品過程中，一定要確保商品品質不受到破壞或損傷。

案例：優衣庫 (UNIQLO)

日本企業爭霸最新革命：快速物流到貨

　　過去，「送貨」是企業較不重視的一環，受網路購物影響，火速送到消費者手中已成趨勢，誰能縮短最後一哩距離，就可能成為贏家。

　　「這就是工業革命！」一手打造出平價服飾品牌優衣庫 (UNIQLO) 的迅銷集團 (Fast Retailing) 會長兼社長柳井正強調。迅銷和大和房屋工業聯手，共同在東京灣岸建設新一代物流中心。當物流中心正式啟用，也是優衣庫全東京門市及網路商店隨之改頭換面的一刻。

　　物流中心將實際接獲門市的銷售狀況，根據即時資料，依售出數量補貨打包，以最短時間運送到門市。新物流中心也具備加工機能，可製作客製化商品。

　　目前的優衣庫，是由各門市事先決定商品數量，再由物流中心配送至門市，至於存貨管理或分類等麻煩的作業，則交由門市處理。新物流中心啟用後，這些作業會移交給物流中心管理。大和房屋常務浦川龍哉表示：「物流中心從只是堆放貨品的倉庫，將變身成為兼具門市甚至工廠功能的新設施。」

　　未來在網路商店下單，當天就能將商品送至顧客家中或指定門市。位在東京灣岸，以東京市中心為鄰的新物流中心，目的在縮短和消費者之間「最後一哩的距離」。

物流業進化過程

物流管理演進

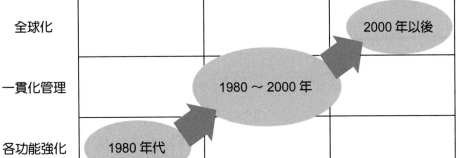

	成本降低	服務提升	戰略營運
全球化			2000 年以後
一貫化管理		1980 ～ 2000 年	
各功能強化	1980 年代		

成本降低 國際競爭激烈	服務提升 IT 技術發達	戰略營運 網路技術突破

客戶對物流企業的要求希望

① 掌握時效與效率

② 成本控制

③ 全球化物流能力

④ 資訊化連結

⑤ 確保品質

7-4　全聯投入100億建物流廠

一、占地 10 萬坪，投資金額超過 100 億元

全聯福利中心董事長林敏雄將錢投資物流廠，北中南三廠占地達 10 萬坪，投資超過 100 億元！二年內可供應超過 1,000 家店的物流配送。全聯分別在桃園觀音、高雄岡山和臺中梧棲各有一座物流廠。其中，林敏雄對桃園觀音廠最滿意，因為觀音廠占地 6.6 萬坪，是全球規模最大的物流廠，每小時可處理 1 萬 5 千箱作業量。

林敏雄表示，觀音廠是 2010 年標到的慶眾汽車廠，因是現成廠房，所以建築物就省下 20 億元的成本，充分達到全聯「省」的企業精神。

臺中梧棲物流園區則於 2016 年營運。林敏雄說，高雄岡山的物流廠是工業區土地，2012 年啟用，土地加廠房共投資 20 億元；目前三座物流廠的土地、設備、廠房投資超過 100 億元。

全聯據點 2020 年時已超過 1,000 家，林敏雄表示，臺中梧棲廠完工，三座物流廠已能提供超過 1,000 家門市的物流量。

二、為何投入重金建物流廠

為何要砸重金投資物流廠？林敏雄表示，物流順暢就能把門市的倉儲面積縮小，把營業面積擴大，同時，不會缺貨，進而提高營業額，這概念就像便利店一樣，儘管物流成本只占營業成本的 4 至 5%，但後續提高的營業額可以期待。

三、服務業強力脈搏

2014 年 7 月底，距離中元普渡還有一個月，桃園觀音全聯物流中心儲位上，堆滿了泡麵、零嘴、飲料。35 萬箱的庫存，比平常還要多一倍。

另一頭，日本引進的分檢系統，輸送帶快速往前奔馳，把供應商從投入口寄來的貨品，分送到 96 個出貨滑道，平均 1 秒可處理 4 箱貨物。

桃園觀音物流中心的落成，是近年全聯最大的計畫之一。拚低價、搶市占的超市一哥，揮軍物流中心，顯示過去總隱身在企業背後的物流業，愈來愈重要。

這幾年，服務業愈來愈受重視，物流良莠直接影響服務業發展速度與品質。

以全聯為例，林敏雄說，過去全聯各地供應商將貨品集結給代送商後，再送到店鋪去。但一個門市要面對多個代送商，店門前常會塞車，且代送商也跟不上全聯展店速度。全聯於是自己蓋物流中心，將貨品收歸，集中配送，也鼓勵代送商加盟全聯的車隊。經過規劃，現在全省只要近 300 輛配送車，大約是過去的 1/7。

這不僅克服了展店、送貨的問題，林敏雄估算，物流占店鋪營運成本 4 到 5%，省下的錢看起來少，但順暢、精確的物流能讓店面減少缺貨，也減少囤貨的面積，賣場可以擴大，自然能提升銷售業績。

全聯重金蓋物流廠的目的與成效

全聯超市全臺三座物流廠

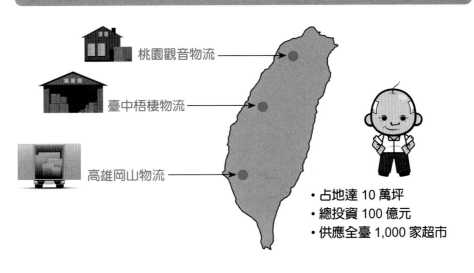

桃園觀音物流

臺中梧棲物流

高雄岡山物流

- 占地達 10 萬坪
- 總投資 100 億元
- 供應全臺 1,000 家超市

全聯擴建物流中心的目的

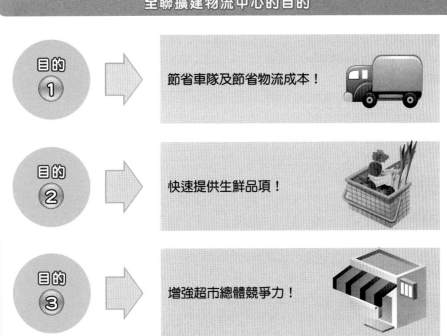

目的 1　節省車隊及節省物流成本！

目的 2　快速提供生鮮品項！

目的 3　增強超市總體競爭力！

一、物流與運籌定義不一樣

「物流」與「運籌」(Logistics) 兩者有些相似，但深究其實，兩者的定義並不完全一樣。

（一）**物流**：指的是如何做好運送、保管及流通加工的功能。

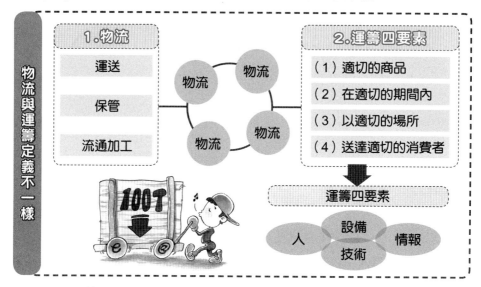

（二）**運籌**：指的是如何利用現代化的運籌四要素，即現代化的設備、資訊情報、技術及智慧人才，做好物流的工作，包括如下：

1. 如何將適切的產品；
2. 在適切的期間內；
3. 以適切的場所；
4. 送達給適切的消費者。

二、運籌的領域

運籌的所涉及的領域，其實比物流廣泛許多，如右圖所示，運籌其實與右圖所述的四個部門都有關聯；包括：採購、生產、物流及銷售等四個功能部門。

（一）**何謂物流運籌**

所謂 Logistics 就是指：「在企業戰略中，對於商品及服務，如何能更快的、正確的與低成本的提供給顧客，並且滿足他們的一種流程、體制、組織與管理之意。」

（二）**運籌的目的、手法、範圍與考量方法**

有關一套完整的 Logistics 的目的、手法、範圍及考量方法，如右圖所示。

運籌的領域與規劃

運籌的領域

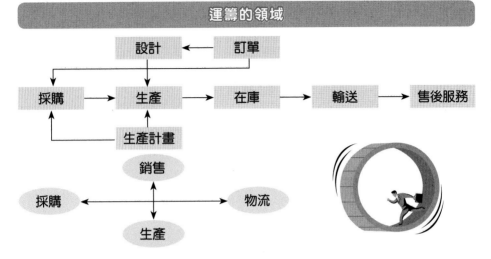

運籌的完整規劃

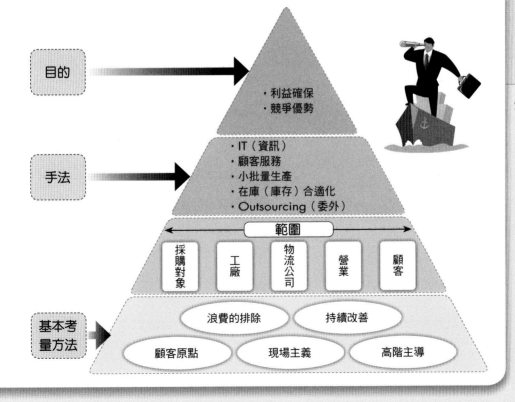

一、SCM（供應鏈）的任務與範圍

SCM（Supply-Chain-Management，供應鏈），即是指如何快速的供貨給顧客、如何有效降低庫存、如何避免缺貨、如何提高現金流量、如何遵守交期與提高顧客滿意度的一種有體系與機制化的運作。這裡，牽涉了採購、工廠、倉儲、物流配送、零售點等各方面業主的關聯性。

二、QR（快速反應）

所謂 QR(Quick-Response)，就是指工廠或供應商能夠快速回應各批發點、各零售點訂貨且快速送達的需求體系。

QR 的圖示如下：

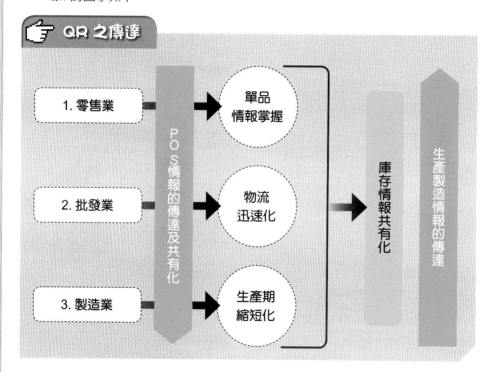

QR 之傳達

- 1. 零售業 → 單品情報掌握
- 2. 批發業 → 物流迅速化
- 3. 製造業 → 生產期縮短化

POS情報的傳達及共有化 → 庫存情報共有化 → 生產製造情報的傳達

三、ECR（效率化消費者對應）

ECR(Efficiency-Consumer-Response) 係比 QR 更加進化的一種面對消費者需求更有效率化的對應措施及機制。目前，像全球最大的日用品供應商 P&G 公司及美國最大的 Wal-Mart 量販店，兩者之間已建立起 ECR 體系，當 Wal-Mart 缺貨時，P&G 公司也能同步透過電腦上的資訊得知及準備出貨補足。

SCM範圍與資訊情報系統

SCM範圍內容

SCM 的目的

1. 顧客要求迅速應對	2. 交期正確提升	3. 避免缺貨	4. 避免出貨錯誤	5. 豐富的品項	6. 適當的庫存量	7. 商品生命週期短化	8. 顧客供貨速度提升

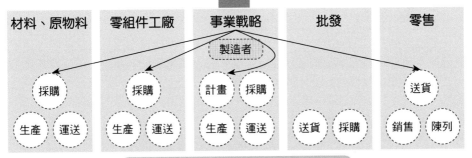

材料、原物料	零組件工廠	事業戰略	批發	零售
		製造者		
採購	採購	計畫　採購		送貨
生產　運送	生產　運送	生產　運送	送貨　採購	銷售　陳列

資訊情報系統

SCM的關聯企業間的資訊情報系統

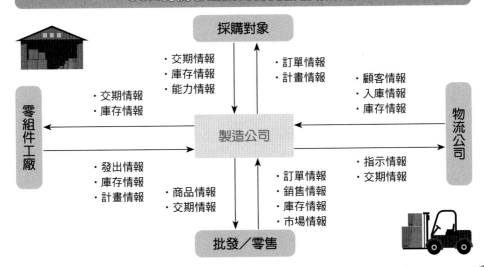

採購對象

零組件工廠

· 交期情報
· 庫存情報
· 能力情報

· 訂單情報
· 計畫情報

· 顧客情報
· 入庫情報
· 庫存情報

· 交期情報
· 庫存情報

製造公司

物流公司

· 發出情報
· 庫存情報
· 計畫情報

· 商品情報
· 交期情報

· 訂單情報
· 銷售情報
· 庫存情報
· 市場情報

· 指示情報
· 交期情報

批發／零售

一、物流中心的六大類主要設備

一個完整及現代化的物流中心，應配置有六大類的主要設備，才能有效率與有效能做好物流中心的工作，包括：

(一) 資訊電腦設備。

(二) 搬送設備。

(三) 保管設備。

(四) 分拆、切割、組裝、包裝設備。

(五) 點檢設備。

(六) 卡車、貨車車隊設備。

二、日本物流業的發展

日本導入物流概念始自 1960 年代，當時日本正進入經濟高度成長期，隨著營業額擴大，商品配送量與次數亦擴增，加上國民所得增加、人事費用上升等因素，促成新的物流環境與新的物流問題。日本企業界遂將搬運、倉儲、輸送等物流活動作業，由單獨的個別活動連結起來。先求整體系統的統合，再展開規劃各分支系統的機能效率。此外，對自動倉庫的建設也十分積極。此為日本物流發展的第一階段，其重點放在如何集中數量、如何處理更大的數量、如何做省力化的改善。

至 1973 年，日本經歷第一次能源危機後，經濟由高度成長轉為安定成長，物流量不再急速擴增，物流業努力的方向也從「如何盡力處理最大量」，轉變為「如何妥善處理」；可以説由量的要求進化為質、量並重的階段，此階段發展重點在於「物流成本的抑制與降低」、「物流管理技術方法的開發」、「物流組織的革新」等。

日本在 1970 年代中期，經濟上所呈現的安定成長，事實上亦代表著低度成長。製造業開始重視消費者不同的需求、意識、價值觀，致力開發差異化、多樣化的新產品，零售業界亦引進便利商店、量販店等新的經營型態。在這種銷售通路多元化、產品多樣化的蛻變過程中，物流已從後續處理的作業層次提升為戰略立案的先決前提條件。認知策略性物流的必要性，是日本物流發展的第三個階段。

繼策略性物流必要性的認知後，日本物流業對「庫存政策」亦有了新的意識。由於商品日漸多樣化、多品牌、多品種化的行銷趨勢影響，不論零售業與物流業均必須面對，存放不下與「處理滯銷商品」的問題，因為在一定的存放空間裡，品項增多則單一品項的存放量將被迫削減。市場研判呈現不透明、銷售預測困難、庫存量不足，無疑喪失商機；庫存量過多又必須承擔突發性滯銷的風險。因此設法降低庫存量，成為經營安定化的重要課題，零庫存與 JIT(Just-in Time) 的追求與主張，即應運而生。

物流業發展與主要設備

物流中心的六大類主要設備

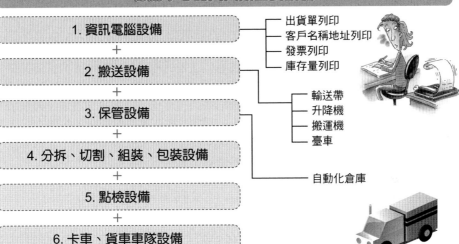

1. 資訊電腦設備
+
2. 搬送設備
+
3. 保管設備
+
4. 分拆、切割、組裝、包裝設備
+
5. 點檢設備
+
6. 卡車、貨車車隊設備

- 出貨單列印
- 客戶名稱地址列印
- 發票列印
- 庫存量列印

- 輸送帶
- 升降機
- 搬運機
- 臺車

- 自動化倉庫

1970年代之後的日本物流業發展重點

1. 物流成本的降低

2. 物流管理技術方法的開發

3. 物流組織的革新

4. 物流汽車的 GPS 定位系統

一、國內物流中心的七種類型

　　國內對物流的需求意識覺醒較晚，最早以商業物流形式從事物流服務，應是1975 年成立的東源儲運中心，由於當時人力問題並未對國內產業造成威脅，加上日本物流業已邁向物流的第二階段。故彼時以聲寶及日立家電製造業所投資的東源儲運，其成立的目的與引進物流技術，在確保母公司家電製品的品質保障。

　　1988 年日本文摘策劃在國內太平洋崇光百貨舉辦一場「物流效率化研討會」，臺灣棧板公司亦於同年與日、韓相關業者合作「棧板共同流通發表會」，正式揭開了臺灣物流革命的序曲。1989 年掬水軒為其中盤商與零售店之配送效率，成立掬盟行銷，同年味全與國產企業集團亦分別成立康國行銷、全臺物流，之後統一集團的捷盟行銷、泰山集團的彬泰物流、僑泰物流等，亦分別設立以配合實際之市場需求。國內物流中心已發展至以下幾種類型：

　　（一）M.D.C(Distribution Center Built by Maker)，由製造商所成立的物流中心，如康國、光泉。

　　（二）W.D.C(Distribution Center Built by Wholesaler)，由經銷商或代理商所成立之物流中心，如德記物流。

　　（三）Re.D.C(Distribution Center Built by Retailer)，由零售商向上整合成立的物流中心，如全臺、捷盟。

　　（四）R.D.C(Regional Distribution Center)，區域性之物流中心，負責區域的物流中心業務，如日茂物流。

　　（五）C.D.C(Distribution Center Built by Catalog Seller)，由直銷商或通信販賣所成立之物流中心，如安麗。

　　（六）T.D.C(Transporting Distribution Center)，貨運業者藉由本身所具有之管理車隊、裝載貨物及運送路線選擇等經驗利基所成立，如大榮貨運。

　　（七）P.D.C(Processing Distribution Center)，具有處理生鮮產品能力的物流中心，如頂好中和物流中心，全聯生鮮處理中心。

二、國內物流業成長迅速的背景因素

　　(一) 國際化、自由化的經濟政策，不僅使商業競爭日漸激烈，亦造成了流通環境的變革，包括連鎖超商、量販店等業態的興盛。(二) 消費型態的改變，包括消費意識抬頭、品牌忠誠度淡化及個性化商品產生。(三) 交通路況惡化，配送成本提高。(四) 商業活動用地匱乏，商店坪效意識抬頭。(五) 勞力資源的不足。(六) 管理利潤的意識抬頭。(七) 資訊網路系統的應用，庫存管理精確度提高，資訊傳輸速度加快。(八) 政策與法規的配合。(九) 產銷分工的必然性。(十) 國內網購、電商宅配及倉儲物流需求大量成長，給物流宅配公司帶來生意。(十一) 物流倉儲及物流宅配業經營管理性技術與 Know-How 的大幅提升。

國內物流中心類型與發展背景

國內物流中心的七種類型

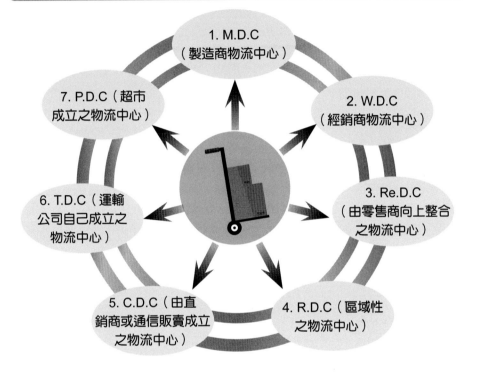

1. M.D.C（製造商物流中心）

2. W.D.C（經銷商物流中心）

3. Re.D.C（由零售商向上整合之物流中心）

4. R.D.C（區域性之物流中心）

5. C.D.C（由直銷商或通信販賣成立之物流中心）

6. T.D.C（運輸公司自己成立之物流中心）

7. P.D.C（超市成立之物流中心）

物流業及宅配業快速發展的因素

① 國內網購及電子商務行業快速成長，使物流需求大幅成長！

② 大型連鎖超市、便利店、量販店大幅成長之需求！

③ 業者自身物流知識與 Know-How 大幅進步！

④ 個人宅配需求大幅增加！

⑤ IT 資訊系統及物流自動化設備升級！

⑥ 國際化競爭，物流能力也成為其中一環！

根據國內吳建安、吳孟翰 (2004) 等人的研究，茲列示如下：

一、電子化訂單系統 (EOS)

早在捷盟成立之前，7-11 即與王安電腦公司共同開發，在各門市導入手提終端機，以 On-Line 連線傳送訂貨資訊；現今，以捷盟臺北物流中心為例，每天需處理十萬筆訂單，接單後 10 至 28 小時內，送達半徑 100 公里內數百家門市。

二、引進驗收貼紙制度

該制度乃捷盟的物流資訊系統，由以前的「事後收拾型」轉換成「事前收拾型」的關鍵表徵。以前是貨到才開始填發驗收傳票、輸入電腦，驗收人員無法預知廠商將於何時送來何物及應搬至何處；現在則事先由訂貨資料產生「驗收貼紙」，該貼紙除記載商品名稱、規格、貨號、供應商名稱、包裝個數、箱數、驗收日期之外，還包括下列幾點：1. 商品的條碼，供盤點時的掃讀，自動辨識貨號。2. 該商品的儲位號碼，指引進行搬運作業。3. 賦予底色意義，以紅、黃、藍、綠四色每月輪替，使工作人員一望即知該商品是何月分入庫，可先進先出管控新鮮度。

三、實施條碼盤點作業

與「通通資訊公司」共同開發，利用手提終端機，由盤點人員直接掃讀商品所在之儲位條碼與商品條碼，大幅縮減盤點所投入的人力、時間，且提高正確度。

四、電腦系統輔助揀貨系統

所謂電腦輔助揀貨系統，即為無揀貨單的揀貨作業。先將訂單輸入電腦，再傳至揀貨現場的工作站，工作站再做出指示，將須揀貨的架上，把燈亮起，並且顯示須揀貨數量，於揀取完後，按下完畢鈕，該項作業即完成。若缺貨時，按下缺貨鈕，立即會有人前來處理。由於該系統兼具「數據自動蒐集」功能，可解決個人別、時間別及完成工作量之間的關係，達成各區域的「生產線平衡」。而且揀貨正確度提高 10 倍以上，揀貨錯誤率由原先的千分之二降至萬分之二，而揀貨的速度及效率也提高 30～50%。

五、「無線電通訊」補貨系統

與「普森科技公司」共同開發，利用無線電通訊補貨指示系統，於堆高機操作員驗收入庫時，須利用搭載於堆高機上之掌上型電腦，輸入該棧板上商品之位置所在地的編碼，則該資訊會立即經由無線電通訊系統傳輸至主電腦。而補貨至揀貨區之指令，則由主電腦經由無線電通訊系統下傳給堆高機上的終端機，大大改善以往靠人員目視決定補貨優先順序，解決補貨動線不合理之非效率狀況。

揀貨系統電腦化功效

統一捷盟公司的物流技術名詞

1.
電子化訂單
系統 (EOS)

2.
引進驗收
貼紙制度

3.
實施條碼盤點
作業

4.
電腦系統輔助
揀貨系統

5.
無線電通訊
補貨系統

電腦系統輔助揀貨系統之功效

功效1
揀貨正確度提高 10 倍
以上

功效2
揀貨錯誤率降到
萬分之二

功效3
揀貨效率及速度提高
30% ～ 50%

功效4
降低用人量成本

Date _____ / _____ / _____

第 8 章
統一超商先進的POS與物流系統

7-11 引進 POS 系統的四個挑戰

國內便利商店第一品牌統一超商公司，早在 1990 年代即率先引進先進的 POS（Point of Sale，銷售時點情報系統），奠定之後順利發展的基礎。國內知名的天下出版公司資深記者張殿文及楊瑪利，分別對該公司的 POS 系統發展有精闢的專訪及出書，茲摘述相關內容如下。

一、何謂「POS 系統」

簡單的說，POS 就是「收銀機」加上了「光學掃描設備」，當掃描器劃過商品上的條碼時，也將商品資料、購買者資料、時間、地點等輸入。

這些資料經過電腦分析、比對，再和「訂貨系統」、「會計系統」，「資料庫」、「員工管理」等全部連線，等於掌握了從顧客到庫存的全部資料，對於加盟主及總部掌握商品的銷售狀況，有極大幫助。

「POS 對超商來說，就像是開車時的時速表，讓我們在經營的時候知道自己如何控制速度。」這是當年徐重仁對於 POS 系統的描述，今天 7-11 發展愈來愈快，主要是 POS 應用愈來愈成熟。

二、引進 POS 系統的四個挑戰

對於 POS，當年任總經理的徐重仁其實有自己的策略。1989 年，徐重仁先指派當時總經理室主管賴南貝負責統籌規劃，也設立了 COS 企劃中心 (Chain Operation System)，負責系統的規劃及書面化。1990 年將 POS 導入兩門市測試。

對於許多搶先推出 POS 系統的商店而言，最大的挑戰是要像國外一樣，供應商都要有「條碼」辨識系統，如果有的商品可以刷，有的不能刷，等於沒功用。

小小一個黑色條碼，成為許多競爭者搶進的一大阻礙；主要是許多製造商不願意增加這樣的成本。如果「強勢產品」因沒條碼而進不了便利商店，製造商也不在乎，因為還有其他通路替代。部分同業導入 POS 不順，主要也是這個原因。

第二個挑戰，就是龐大投資該如何回收。回顧 1992 年，統一超商的營業額是 150 億新臺幣，稅後獲利 4 億左右。但是從 1994 年開始電子化系統，先期投資就要 8 億新臺幣，等於是用兩年賺來的錢再拿去投資。徐重仁還記得，當時在 POS 系統簡報之後，董事長高清愿問：「真的要做嗎？」

這是 7-11 轉虧為盈的第三年。徐重仁知道，POS 並不是萬靈丹，導入之後未必馬上賺錢，但他還是大膽推進 POS 系統。

第三個挑戰，還是牽涉到整個集團內部的改革。

電子數位化強在「一致性」的流程，但電子數位化之前，一定要先做到整個營運過程「合理化」；然而數千家門市分處不同商圈和地理環境，光是作業流程的傳授和制定，就非一朝一夕能完成，徐重仁建置小組強力推動。

第四個挑戰，也是最大的挑戰，就是主管的活用能力和投入程度。

POS系統與四大挑戰

何謂POS系統

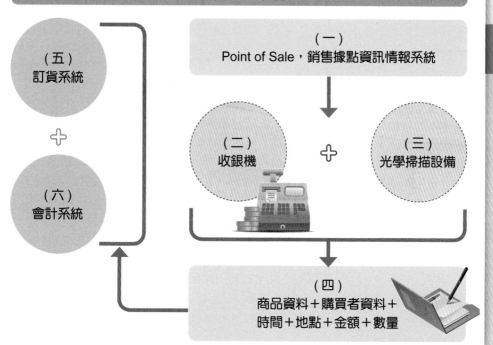

（五）
訂貨系統

十

（六）
會計系統

（一）
Point of Sale，銷售據點資訊情報系統

（二）
收銀機

十

（三）
光學掃描設備

（四）
商品資料＋購買者資料＋
時間＋地點＋金額＋數量

引進POS系統的四個挑戰

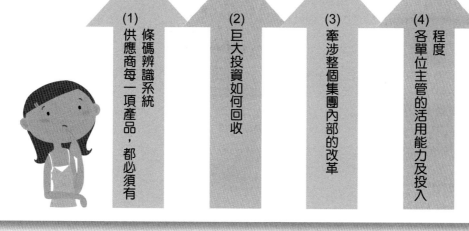

(1) 條碼辨識系統
供應商每一項產品，都必須有

(2) 巨大投資如何回收

(3) 牽涉整個集團內部的改革

(4) 程度
各單位主管的活用能力及投入

7-11 導入 POS 系統的多重效益

一、推動全員 POS 運動

1993 年初，7-11 確認及徵選 POS 系統所需軟硬體後，總經理徐重仁指派謝健南召集「系統革新推動小組」，肩負開創臺灣 7-11 量身訂作 POS 系統成敗的任務；這個「小組」集當時各部門一時之選，徐重仁指示，「業務革新」、「系統革新」及「軟硬體建置」要一次完成。

「系統革新推動小組」的重責大任，就是溝通和簡化。

在「溝通方面」，業務及行銷單位要一起檢視每一個營運細節。「每個細節還要再抽絲剝繭，」徐重仁形容，經過一再的檢視、確認，才交由廠商進行系統的設計。舉例來說，一個簡單的刷條碼動作，需要面面俱到的系統作業在背後支持；光是「價格變動」，門市和供應系統之間就必須建置有效的檔案連結。

在「簡化」方面，從門市作業開始，一定要簡化到最容易、最省力的程度。這個「簡化」流程的工作，其實是「門市作業標準化」及「整體流程系統化」的一大里程碑。謝健南還記得 POS 系統推動初期，許多部門都認為「不習慣」及「太麻煩」，只是增加工作量而心生抗拒。於是徐重仁親自出馬，一連推動了「全員 POS 運動」，連後勤人員也要學 POS、通過「POS 認證」，又選出資深「區顧問」成立「POS 小組」，在第一線做好教育訓練、輔導和諮詢。

二、導入 POS 系統的多重效益與功能

對第一線的門市人員來說，有 POS 和沒 POS 的差別在於不用再背誦商品價格，且 3 分鐘就可以結完現金日報表，沒有 POS 之前要 2 個小時。對總部人員來說，差別更大。POS 可從四個方面提供分析資料：第一、整個商品結構的分析；第二、商品客層的分析；第三、銷售時段的分析；第四、銷售數字變化的分析。

所有商品在上市第一天結束，就可以知道「戰果」。什麼東西賣得最好？什麼時點賣出去的？哪一個年齡層的人在買？是男生還是女生？例如：清境農場門市的鮮食比例占三到四成，因為那裡賣吃的地方不多，但是夜市旁的門市就不用賣這麼多鮮食。

「有了完整的情報，才能真正瞭解顧客的需求。」徐重仁比喻 POS 情報就好像車子的時速表，根據這個表，7-11 才知道如何調整自己的時速。

有了這個速度表，7-11 可以更快抓住顧客節奏。門市陳列空間有限，商品消化量也經常在變，必須很機動的配合當地商圈的環境，甚至氣候等因素。

「我們對顧客消費習性的瞭解，是一個很重要的資產。」徐重仁指出。

POS 資料再加上和顧客互動的經驗，就可以更瞭解顧客的想法，來建構整個服務的網路。也難怪徐重仁會強調，POS 情報系統已是 7-11 的心臟。

全員POS運動與效益

推動全員POS運動

成立：系統革新推動小組

1. 業務革新	2. 系統革新	3. 軟硬體建置

達成：
溝通與簡化作業

247

導入POS系統的多重效益與功能

第一代 POS 系統花費 8 億元

1.	2.	3.	4.
快速結完每天的現金日報表，提升效率	蒐集顧客在不同時段、不同地點、對不同商品的需求及實際購買量與金額之情況	連結訂貨系統，正確與精準的訂貨及補貨	每年省下 500 萬紙張印刷費

7-11 導入 POS 系統提升獲利

一、現代資訊系統改變了物流業的面貌

對門市來說，有了 POS，有助於掌握商圈消費特性，以降低庫存；對總部來說，有了 POS，可以判斷顧客需求，改善商品結構，而且利用 POS 的資料傳輸，節省了許多紙張印刷，一年可以省下 500 萬新臺幣；對供應商來說，有了 POS，可以掌握最佳時效、進行採購控管。這種「資訊分享」的方式，完全改變臺灣的商業型態。

1997 年 7-11 已達 1,500 間門市、營業額突破 300 億元，成為製造廠商爭相進駐的通路，而 7-11 所提出的進貨條件在通路業界是數一數二的嚴苛，7-11 更將新品試銷期由三個月縮短為一個月，使得製造商間搶貨架的競爭更加劇烈。

7-11 為什麼能在一個月內，就可以肯定商品到底能不能存活？答案還是因為 POS 系統可以立刻解讀商品販售狀況。當時 7-11 耗資 8 億元建構第一代 POS 系統上線時，7-11 門市正式邁向 2,000 家。為了快速並正確地掌握消費者需求、提供新鮮商品，在淘汰滯銷品和引進新品的速度要加快許多，不同商品間也開始消長互見。像門市內日用品和服務商品所占比重就開始下降，而鮮食類及流行話題商品的比重也開始提高。

二、沒有 POS 系統時的困境與沒效率

回想起統一超商 27 年前剛創辦時，訂貨、送貨系統與銷售情報，都在人工摸索階段，很難整合、也沒有系統協助，是屬於最原始的狀態。只要在超商服務 20 年以上的員工，應該都經歷過那個原始時代。當年也沒有每天的銷售情報，無法掌握哪些東西賣得好、哪些賣不好，應該準備多少庫存。全憑印象訂貨的結果，不是缺貨，就是庫存太多。

三、導入 POS 系統，獲利大增

統一超商導入 POS 系統後，隔年開春的報紙財經新聞馬上出現一則消息：「統一超商導入 POS，去年淨利成長 37%，擺脫 1995 年淨利只成長 5% 的慘澹歲月。」1996 年導入的 POS，算是超商的一代 POS，當年各種軟硬體投資就要 8 億新臺幣。到了 21 世紀，一代 POS 的系統已經不敷所需，因此又投入二代 POS 的研發。這次預算更高，連同下游廠商達 40 億元新臺幣。

四、對 IT 科技資訊投資不手軟

面對 POS 一代花費 8 億元、二代花 40 億元，卻一點也不會捨不得，因為這是提升企業競爭力必要的武器。

2004 年統一超商年度股東會，臺下的股東發問：「為什麼 POS 二代要花掉 40 億元，有必要嗎？」高清愿在臺上回答：「POS 二代是一種投資，不能不做，這樣才能拉大跟競爭者的差距。」

POS系統的投資與商品銷售

POS系統把關，新品試銷期大幅縮短

POS 系統導入

1. 降低不利的
庫存量！

2. 各項效率
加快！

3. 新品試銷期
由 3 個月縮短
為 1 個月！

4. 使獲利額
大幅成長！

對IT科技投資從不手軟

第一代 POS
（花費 8 億）

+

第二代 POS
（花費 40 億）

・提升企業競爭力的必要武器！
・拉大與競爭者的差距！

8-4 7-11 先進的物流配送系統

一、日本 7-11 首創配送少量多次，解決無法獲利問題

根據日本 NHK 電視臺製作的專題指出，1974 年日本 7-11 第一家店就是加盟店。當初第一家 7-11 在日本開幕，一開始雖然生意興隆，但第一個月算下來竟然沒有賺錢。原來，商店裡根本沒有庫存的空間，沒有庫存，就等於好賣的商品容易缺貨，然而滯銷品卻愈來愈多，時間久了，就占滿有限的空間。

日本 7-11 起先束手無策，直到執行長鈴木敏文想到了「少量多次」的小額配送，由區域「配送中心」，依門市的不同需求，每日進行不同數量、項目及次數的配送，一舉解決了日本 7-11 無法獲利的問題。

零售業的特色本來就是「多樣少量」，和製造業選定幾種較受歡迎商品大量製造的哲學完全不同。要做到「少量多次」而不虧錢，最大的祕訣就是以一定範圍的「區塊」為單位，集中配送，以達到最有效率的運送。

二、臺灣早期的物流業被批發經銷商所掌握

從這個角度來看，當初臺灣 7-11 開始展店的位置過於分散，一下子就全國展店，無法做到集中配送，也難怪前 70 家分店有 35 家虧錢。

或者說，在臺灣的市場現實中，一開始根本就不可能做到分區配送；主要是因為臺灣的零售物流環境，一直以來都維持著傳統的「批發配送商」的型態。

傳統的零售業是靠小區域的批發經銷商做物流；製造商把市場劃分開來，每30 至 40 萬人口設一「總經銷商」，像統一食品集團過去就是靠著全省 500 多家大批發商出貨鋪貨。

過去批發商店的重要性不言而喻。因為批發商掌握了一個區域的「販售批發權利」，在過去交通資訊不發達的年代，小賣店也是要靠批發商進貨、補貨。

三、統一超商與日商合設捷盟物流，擁有自己配送系統

7-11 有 3,000 種商品，如果每一家都自己配送，至少要分成數十次的進貨，店員一天光是驗貨、訂貨就花掉所有時間，7-11 成立的前 8 年間，一名店員光是訂貨，一天就要打 20 多通電話！

7-11 開始提升「電子化」的訂貨能力是在 1989 年 10 月，當時徐重仁將超商的「物流課」劃分出來，和日本菱食公司合作，共同出資 5,000 萬新臺幣，成立「捷盟物流」。

「為了讓加照主及門市更省力」，徐重仁表示，物流配送的方式一定要改，有了自己供貨系統，超商也可自己決定進貨的時間，利用夜間門巾人員的空檔進貨，當門市訂貨之後，捷盟的車隊就會在最快的時間內送貨出去。

7-11拿回物流主導權

日本7-11少量多次配送，解決無法獲利問題

以區塊為單位

集中配送

少量多次配送

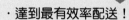
・達到最有效率配送！
・使暢銷品不缺貨，而滯銷品降低庫存！
・開始獲利！

引進日本先進技術，成立物流中心

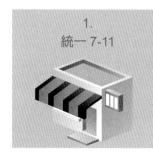
1.
統一 7-11

2.
引進日本菱食物流公司
的先進技術

3.
成立自己的捷盟物流
中心及車隊

8-5　統一捷盟物流一日三配

一、統一捷盟取代大盤商，物流體系重新洗牌

現代物流的發展和技術，給了徐重仁臨門一腳。像日本「菱食公司」擁有強大的物流配送技術，主要就是來自成功的轉型，這家公司原來是日本關東地區的大盤商，但察覺了顧客對於少量多樣的需求，於是利用電子自動化的技術發展物流的新方式，其中最特別的技術，就是「棧板管理」和「電子揀貨系統」(Computer Aided Picking System, CAPS)。

1990 年捷盟設立物流中心時，7-11 旗下大約是 400 家門市。當時希望供應商把商品送進物流中心，再由捷盟車隊送到各門市時，有許多供應商、糕餅公會反彈。主要的關鍵是，這些供應商本來就有自己的車隊，在配送的過程中，不只要送貨進 7-11，路線還包括附近的賣場、超市、甚至學校機關、檳榔攤等，都是供應商的配送對象，並不因為 7-11 而節省成本。

即使當時 7-11 門市已有 400 家，對於許多製造商來說，還算「小Case」，畢竟一般小賣店及檳榔攤等傳統通路，數量還是比 7-11 多。這種情況一直到 7-11 門市突破了 1,000 家、2,000 家，終於開始慢慢改觀……。

到了 1997 年時，7-11 門市有八成的商品是由捷盟完成配貨。而過去傳統的大盤商等經銷體系也重新洗牌，轉向其他的服務。

昔時捷盟有六個常溫物流配送中心，負責 7-11 3,000 項商品的配送，捷盟以十年的時間，取代了過去的「大盤商」角色。供應商進貨到捷盟庫房，就是由捷盟買斷供應商品，捷盟平均有四到五天的庫存周轉率，維持 5,000 家的店數需要。而捷盟的營收，則來自這些商品轉賣給 7-11，再收取 4% 物流費。

二、捷盟物流效率高，幾乎達到零缺貨率

透過捷盟的「分流」，讓商品運送更有效率。為了「準時」，不管是「行車路線」、「交通巔峰流量」、「氣候狀況掌握」、「送貨順序」等，捷盟的人員都一再演練和計算，讓 7-11 能保持貨物補給線的順暢。

除了雜誌、文具外，1,000 種以上的常溫商品幾乎都由捷盟運送，而捷盟也從過去的 3%，十多年來進步到「缺貨率」是 0.036%，意謂訂 10 萬元的貨，大約短少 3.6 元貨物價值。這情況也讓加盟主根本不用點貨，可以把時間省下來照顧客戶。

三、從今天訂貨明天到貨，到鮮食一日三配

1990 年，統一捷盟可以做到今天訂貨、明天到貨的標準，大大降低門市的庫存與缺貨。經過二十多年的演變，成為「一天配送三次」。而且到店準確率提升到 99%，前後只能有 50 分鐘的誤差。

捷盟物流的功能與效益

捷盟物流取代過去大盤商功能

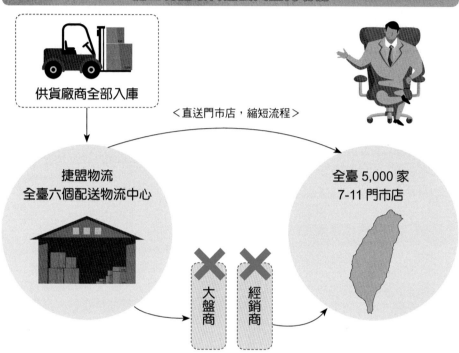

供貨廠商全部入庫

＜直送門市店，縮短流程＞

捷盟物流
全臺六個配送物流中心

全臺 5,000 家
7-11 門市店

✕ 大盤商
✕ 經銷商

捷盟一日三配，做到零缺貨率

過去

1.
今天訂，二、三天後到貨！

2.
今天訂，明天到貨！

現在

3.
今早訂貨，晚上到貨！

4.
鮮食產品，一日三配！

8-6 統一超商成長的二大後盾

一、物流是加盟總部重要的支援系統

對徐重仁來説，所謂「連鎖店」，代表的就是背後「擁有完善的後勤總部支援系統」，物流體系要很瞭解門市的第一線運作，以「門市」為服務對象，依不同地區、不同溫度運送，像是後來的低溫運送及冷藏車運送，也都是這樣的概念。

二、捷盟物流以秒計算誤差，與時間賽跑

物流中心就是源頭，從每一個門市間的行車時間是 15 分鐘，貨運搬送大約 5 分鐘，揀貨約要 15 分鐘、備貨約 65 秒，每一部車在 8 小時內能送多少門市，都經過精密計算，從商品進入物流中心，到分派到各門市，最重要的就是「棧板管理」。

所謂「棧板」，其實也是利用機械及電子演進，而將貨物的儲位進行「規格化」，這種「規格」，就是一塊塊 80 公分乘以 80 公分的「棧板」。所有各門市來的訂單，經由揀貨員揀好之後，都放在棧板上的箱子，以便運送。

以棧板管理來説，一方面能整齊放好產品，另方面也能規劃儲位的最佳利用。把產品送至店面之後，門市的整潔，也不會被雜亂堆放的產品所破壞。另外，要將精確的數量送到門市，就要靠「電子揀貨系統」，主要是希望避免人工揀貨的誤差，一方面也瞭解物流中心庫存的最新狀況。從整理進貨的人員開始，手上都有一個像電子錶的感應器，只要取出一箱貨物，就讓架上的電子儀器感應，庫存不足時，電子儀器也會適當反應，揀貨人員按照燈號顯示來做揀貨動作。

三、物流＋資訊流，組成最堅強的成長後盾

到了 1990 年代初期，原本因商品條碼普及率太低而無法成功導入的 POS 系統，也因大環境慢慢成熟而露出曙光，終於在 1996 年 2 月成功導入。POS 的設計，除了在結帳時刷商品條碼，門市人員同時也輸入購買者的年齡、銷售時間、商品價格等基本資料。經過仔細分析後，就可更精確掌握不同年齡層的喜好，以及什麼產品在什麼時間銷售的最佳資訊，是最好的產品開發與行銷方案的研擬依據。

物流人員就是統一流通次集團最好的幕後英雄代表之一。過去二十幾年來，為了因應 7-11 的發展，統一超商的物流體系一再變革。而觀察統一超商物流系統的發展，又跟資訊管理系統的發展密切結合。資訊流加上物流，兩者的結合已經是統一超商最堅強的成長後盾。

先進物流系統與資訊情報架構

統一超商先進的物流系統總體架構圖示

需求總量　即時生產

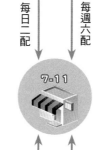

統昶鮮食／麵包物流中心
- 依門市訂貨量即時生產
- 鮮食：18℃全程溫控配送
- 麵包：常溫配送

每日二配　每週六配

7-11

大智通文化物流中心
- 文化出版品（雜誌／玩具／照片沖洗）
- 配合系統主動配送及查補

訂貨　送貨

捷盟常溫物流中心
- 常溫商品
- 缺貨率0.01%
- 倉儲管理系統控管商品進出

訂貨　送貨

每日二配

冷凍：每週三至六配　冷藏：每日一至二配

統昶低溫物流中心
- 冷藏／冷凍商品
- 18℃全程溫控配送

即時送貨　立即訂貨

統一超商先進的第二代服務資訊情報系統總架構圖示

後勤總部

各顧問行動辦公室
- 下載各項情報
- 門市營運管理

地區營運部
- 區域門市營運管理
- 門市帳務審核

7-11總部
- 商品資料建置及維護
- 銷售情報、顧客資料分析
- 多媒體情報發送

訂貨資料、銷售情報　商品資料、銷售情報
天氣情報、多媒體情報　商品資料、銷售情報
訂貨資料、銷售情報

7-11

價格資料　銷售資料、進貨資料

收銀機　門市主機　PDA

銷售資料　訂貨資料、驗貨資料

7-11門市
- 門市主機傳送銷售情報，及接收各項情報資訊
- PDA透過WAP無線傳輸進行訂貨、驗收及下載資訊

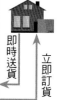

→　物流
- - →　資訊流

透過網路連線，門市主機快速傳輸資料到情報處理中心，及傳送訂單到各地物流中心

情報處理中心

訂貨資料　銷售情報　訂單資料　單品分析情報

供應商　　訂貨資料、銷售情報　　物流中心

商品配送

商品配送

一、三家公司負責統一超商的物流配送

統一超商 2013 年營收 2,006.1 億元，稅後純益 80.36 億元，每股盈餘 (EPS) 7.73 元，三者都寫下歷史新高。

到 4 月中旬，統一超商已有 4,968 家店，後來也提前突破 5,000 家店的目標。而真正拉大統一超商與競爭者差距的關鍵，是物流體系的效率最大化。

「物流就像血管、神經網絡，」統一超商物流暨行銷管理部經理郭慶峰形容。

他領導的部門負責統籌、調度捷盟、統昶、大智通這三家物流公司，以及專門為這三家公司做配送的捷盛，為通路提供服務。

每天，負責配送的近千輛捷盛物流車，從全臺北、中、南、東共 25 個物流中心出發，將商品分別送到各通路門市。單日跑的里程數合計，足以繞地球三圈多。

三家物流公司的「精」，精到出錯率以 PPM（百萬分之一）計算。

過年期間，郭慶峰都是等到凌晨一點多，接到了手機簡訊告知御飯糰、三明治等 18℃ 鮮食商品的夜間配送已順利完成，他才鬆一口氣，安心睡覺。（2014.5.14，天下雜誌）

二、精準的後勤配送時間細節

精準的後勤，建立在與時間賽跑、環環相扣的細節上。

（一）10：30

全臺各 7-11 截止送訂單。

（二）10：40 ～ 11：20

各物流中心透過資訊系統陸續收到「燒燙燙」的訂單，得知須配送到哪些門市、什麼品項、多少數量等明細。

物流中心透過電腦紀錄，查核各門市與過往訂貨紀錄相比，有無異常訂單，或突然沒訂貨。如有，物流中心都會與門市電話確認。

（三）11：00 開始

訂單陸續確認完畢，物流中心針對門市訂貨量，整理庫存，揀貨理貨；或旋即通知鮮食供應商即時進貨。

（四）11：00 ～ 18：00

「日配」時段，第二次配送 18℃ 鮮食。

每輛物流車、每一趟都有績效指標，例如：是否緊急煞車、到門市的準時率等。

（五）19：00 ～ 06：00

物流車陸續從各物流中心出發，展開「夜配」，直到隔天早上 5、6 點或 11 點結束。

物流運作與配送服務

統一超商物流運作圖

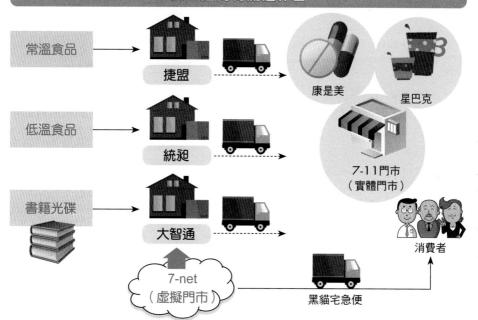

常溫食品 → 捷盟 ⟶ 康是美 星巴克

低溫食品 → 統昶 ⟶ 7-11門市（實體門市）

書籍光碟 → 大智通 ⟶ 消費者

7-net（虛擬門市） → 黑貓宅急便

3+1物流配送運輸服務

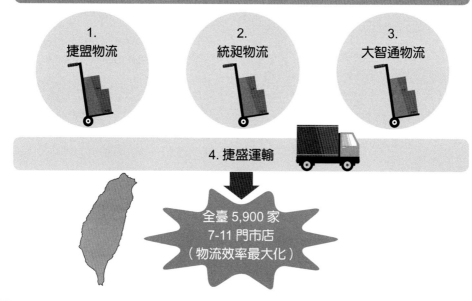

1. 捷盟物流
2. 統昶物流
3. 大智通物流

4. 捷盛運輸

全臺 5,900 家
7-11 門市店
（物流效率最大化）

統一超商精準與效率的物流體系 Part Ⅱ

　　超商跨界與超市、早餐店、餐廳和飲料店,甚至是與量販店搶生意的趨勢,如今愈演愈烈。高毛利的鮮食,是超商競爭最激烈的新領域,更將是統一超口中「三金」中的「綠金」。

　　統一超 2015 年稍早宣示聚焦的另外兩金:「白金」是霜淇淋,「黑金」是咖啡。這些,幾年前都不是超商的傳統領域。

三、鮮食的配送流程

　　據估計,鮮食目前占 7-11 營收的 16%,其中新鮮蔬果營收貢獻達 7 億元,年增率高達 67%。

　　總經理陳瑞堂進一步指出,統一超還要打造全臺最大的生鮮蔬果銷售平臺。爭奪鮮食市場,物流直接影響火力。

　　(一) 05:30

　　統昶位於八堵的鮮食物流中心,供應商陸續送來一批批三明治、御手捲、便當、御飯糰等。牆上電子溫度計顯示 18°C。

　　(二) 06:00 ～ 10:30

　　十條揀貨走道,每條 48 個電子標籤的儲位,各代表 48 家門市。十條共 480 家門市店。

　　只見負責御飯糰的理貨員推著推車,走近電子標籤前,依照電子標籤紅燈顯示的數字,例如「5」,代表了這門市訂了 5 個御飯糰。5 個御飯糰便被放進這個儲位的箱子裡,放完熄燈,再走向下一個紅燈。

　　當理貨員逐一按熄了他這條走道所有紅燈的電子標籤,手裡的一箱箱御飯糰也剛好發完,1 個不剩。三明治、御手捲、便當也一樣,同樣程序完成後,完全沒有庫存。

　　「新手 20 分鐘就可以上手,」臺大商學研究所教授蔣明晃說。他曾參觀統一超旗下的物流體系,印象深刻。

　　(三) 11:00 之前

　　這些鮮食,便已全部排列在門市,等候消費者購買。

　　統一超旗下的這些物流公司,還只不為自家的通路服務。外部客戶還包括像雅虎奇摩等 1,500 多家網路賣家,以及阿瘦皮鞋、豐田汽車零件、歐德家具等業者。

　　統一超商取貨和寄件服務,一年約 4,000 多萬件,平均每天 11 萬人次,且每年都還在以兩位數成長。

　　統一超的虛實整合、全通路概念,遙遙領先對手,讓統一超穩坐國內虛實整合的王座,帶來未來無限延伸的可能。

訂貨與物流精準流程

7-11物流配送的精準流程步驟

> **1. 10：30**

· 全臺各 7-11 截止送訂單。

> **2. 10：40～11：20**

· 各物流中心透過資訊系統收到各店訂單，得知須配送哪些門市、哪些品項、多少數量等。

> **3. 11：00 開始**

· 物流中心針對門市訂貨量，開始揀貨理貨。

> **4. 11：00～18：00**

· 日配時段，第二次配送 18°C 鮮食。

> **5. 19：00～06：00**

· 物流車陸續從各物流中心出發，展開夜配，直到隔天早上 5 或 11 點結束。

7-11鮮食物流配送流程步驟

> **1. 凌晨 05：30**

· 八堵鮮食物流中心，由供應商陸續送來各種三明治、便當、飯糰。

> **2. 06：00～10：30**

· 十條揀貨走道，每條代表 48 家門市，十條共 480 家門市店。

> **3. 11：00**

· 這些鮮食已全部排列在門市店，等候消費者購買。

Date _____/_____/_____

第 9 章
流通業未來趨勢

一、零售流通的 IT 革命

自從 1980 年代 POS 系統的急速普及，以及 1990 年代網際網路的突破性科技導入，使整個零售流通的資訊技術革新大幅向前邁進。而自 1980 年起，量販店、折扣廉價商店、便利商店及大型購物中心與連鎖化等急速躍起，也大大改變了零售流通的結構，此種變化均被稱為「第二次流通革命」，與第一次流通革命大不相同。

尤其，在 IT 資訊科技變化方面，於過去 20 多年中，零售流通業大量使用 POS 系統、EOS（電子訂貨系統）、EDI（電子資料交換系統），先進物流進出自動化處理系統、B2C 及 B2B 電子商務 (EC)，以及 IC 結帳卡與電子錢包興起等，也大幅度加速流通業的現代化及科技化。

二、消費者主導型流通系統的定義──M → W → R → C

過去是製造工廠主導或批發零售主導的傳統商業體系，到 21 世紀以顧客至上及顧客導向的理念下，再搭配資訊科技的大幅運用，使得現代的流通系統精神，已轉向消費者主導與參與的重點上。

以日本為例，它們的變化如右圖。

總之，過去的流通體系價值鏈從上游到下游，依序是：

> M（製造商）→ W（批發商）→ R（零售商）→ C（消費者）

而未來的流通體系之影響主導價值鏈，應該是反向回來，即：

> M（製造商）← W（批發商）← R（零售商）← C（消費者）

而在消費者主導的流通系統下，消費者有五個特徵：

(一) 消費者需求的個性化、多樣化、便利化及娛樂化。

(二) 由消費者發出的資訊情報。

(三) 對抱怨與需求回應的快速化要求。

(四) 製造商及零售商高度配合消費者的價值觀及消費觀。

(五) 消費者的需求與喜愛是多變化的。

三、消費者主導型流通系統的 3C 基盤

成立一個消費者主導型流通系統的架構基盤，主要可由 3 個 C 所組成。此 3C 是：(一) Conduit（導管、基盤）；(二) Contents（資訊情報內容）；(三) Controller（控制系統）。

以上 3C 項目內涵，如右圖所示。

日本流通系統的變化

日本各階段主導的流通系統

1. 批發主導型流通系統（江戶時代～戰前）

2. 製造商主導型流通系統（戰後 1945 年～ 1950 年代）

3. 零售商主導型流通系統（1960 年代～現在）

4. 消費者主導型流通系統（未來～）

日本消費者主導型流通系統的3C基盤

（三）Controller（控制系統）

- 10. Security & Law Infrastructure（安全性與法制基盤）
- 9. Specific Purpose Web Service
- 8. Application & Service（適用業務）

（二）Contents（資訊情報內容）

- 7. Business Rule（交易規矩）
- 6. Code & Message Format
- 5. Ubiquitous Device（無線 IC）(RFID)
- 4. Ubiquitous Appliance（情報家電）

（一）Conduit（導管、基盤）

- 3. Middleware
- 2. OS(Operating System) & NOS(Network OS)
- 1. Network（通信網）

9-2 零售業戰略課題與流通典範變革

一、在新時代下，零售業的十三項戰略課題

面對網際網路、IT 資訊科技、電子商務、跨業競爭、消費者精打細算、商業環境不斷改變，以及 M 型社會的變形下，零售業者必須思考以下戰略課題：

(一) 落實真正的顧客導向課題 (Customer Oriented)。

(二) 網路購物及行動購物崛起課題。

(三) 低價格化與品項多樣化擴大課題。

(四) 交期 (Lead Time) 縮短課題。

(五) 零售業推出自有品牌課題。

(六) 大型購物中心課題。

(七) O2O 課題，即虛實整合、融合之崛起課題。

(八) 零售業態界線已打破，相互跨界競爭。

(九) 向生產者直接交易課題。

(十) 與上游供應商及大型製造商協同合作發展 (Collaboration) 課題。

(十一) 高附加價值提供課題。

(十二) 零售商地域性密集型經營課題。

(十三) 零售業態必須邁向全通路模式經營 (Omni-Channel)。

二、未來流通典範變革的十四個重點

(一) 流通的基本變革方向，將由從前的順向 M → W → R → C，改變為逆向 M ← W ← R ← C；即以消費者為起點，以顧客至上為思維的「消費者主導型流通系統」。

(二) On-Line Shopping，線上 B2C 商品購買或 B2B 採購型態日益普及便利。

(三) 批發商的功能將日益低下。

(四) 流通產業結構將漸趨集中化。

(五) 流通業的底層化日益明顯，也日益重要。

(六) 中小型規模商業業者的競爭基盤日益弱化。

(七) 流通活動的效率化（即物流活動的速度化）。

(八) Net 時代（網路時代）的流通業，將會有「消費者的購買代理業」。

(九) RDC（Regional Distribution Center，區域性配銷流通中心）將取代傳統批發商。

(十) 消費者需求的個性化、多樣化、便利化、娛樂化、新鮮化、有趣化、自在化等，新業態的因應準備。

(十一) 網路購物、行動購物及 O2O 虛實整合之大幅崛起態勢。

(十二) 中小型商業業者須提高附加價值，並朝與消費者密集型流通業轉換。

(十三) 零售業及生產者須提供高附加價值產品，才有競爭優勢。

(十四) 無店鋪販賣崛起，但須強化其信賴度，才能與實體商店競爭。

新時代下，零售業的戰略課題

① 網路購物及行動購物快速、大幅成長課題

② O2O 虛實零售業整合課題

③ 各零售業態界線已打破，相互跨界競爭課題

④ 零售業必須邁向全通路模式經營課題 (Omni-Channel)

⑤ 零售業貴賓卡、禮券、紅利積點、逐步電子手機化課題

⑥ 零售商開發自有品牌課題

⑦ 平價化、低價化之需求課題

⑧ 與上游供貨大廠更加緊密合作課題

⑨ 各零售業為因應景氣變化及市場變化，必須快速轉型，爭取顧客

⑩ 落實堅持真正的顧客導向課題

零售業跨向金融業

一、英國特易購是帶頭先鋒

零售業跨向金融，英國最大的零售集團特易購 (TESCO) 是帶頭先鋒之一，早在 1997 年即與蘇格蘭皇家銀行合作，在賣場推出 17 種個人金融服務，包括保險等，已有 500 萬個帳戶，2015 年賺 3.5 億美元。

二、日本伊藤洋華堂集團跟進

日本伊藤洋華堂集團為擴大龐大的現金流通效益，在 2001 年設立 IY Bank（後來更名為 7Bank），主要從事 ATM 及信用卡交易的清算業務。第一年虧損 120 億日圓，2003 年轉虧為盈，2004 年獲利三級跳。

三、日本永旺零售集團亦銷售金融理財產品

日本流通業第二大的永旺 (Aeon) 2007 年籌設銀行，並在旗下所有購物中心及商場設立服務專櫃，銷售基金、債券等個人金融理財商品。永旺要做的不是無人銀行，而是類似 TESCO 在賣場設專櫃，有專人在場說明、提供小額貸款等金融服務，賣場搭配推出特殊優惠方案，例如：申貸人在永旺家具賣場消費，可享折扣。「大型銀行賣的金融產品是 NB（大家都有的全國品牌產品），我們賣的是 PB 金融商品（針對零售通路顧客打造的自有品牌商品）」。永旺這個比喻，巧妙點出零售流通業者介入金融服務，與銀行經營手法不同，零售金融服務已是大勢之所趨。

四、美國 Wal-Mart 一年支付的信用卡手續費高達 6～7 億美元

在美國共有 4,000 多家賣場的沃爾瑪 (Wal-Mart)，每年光是接受信用卡消費，就要支付 6 億至 7 億美元手續費給清算銀行，由此可見其流動資金有多龐大，一旦介入金融業，對既有銀行難免會造成壓力。

五、臺灣零售流通業介入金融業的三部曲

臺灣目前零售業與金融業的整合才剛起步，走得最快的流通業態還是便利商店，四大超商的金融服務，以「代收、ATM、支付工具多樣化」的「三部曲模式」演進。小額支付工具更將是超商業務金融服務大躍進的關鍵。

臺灣超商 15 年前推動代收服務，目前種類已達 200 多項，四大超商每年經手的代收金額高達新臺幣 4,500 億元。接下來 ATM 進駐超商，現在仍停留在提款、轉帳等基本功能。另外，在小額支付工具方面，四大便利商店亦已導入。

六、超商跨向無形商品的金融服務

零售流通業的有形商品競爭，已進入低毛利或負毛利階段，無形的商品與服務被視為是未來的成長機會，金融服務因可無限延伸，而成為競爭致勝關鍵。

七、流通業兼做銀行業的目的

從上述流通業經營銀行的成效來看，除了可以提高流動資金的效益，開創業外收入外，其實最大的用意還是在強化顧客關係管理，利用消費積點回饋等顧客忠誠度計畫，流通業可以進一步讓「顧客固定化」，這也是零售業競爭的關鍵。

零售業金融服務種類與案例

零售業跨向金融業案例

例1

· 英國特易購量販店＋英國蘇格蘭皇家銀行合作，在大賣場中，推出 17 種個人金融服務。

例2

· 日本伊藤洋華堂集團設立 7Bank，從事 ATM 及信用卡交易的清算業務。

例3

· 臺灣 7-11 推出 icash 二代卡的小額儲值及支付功能，並與悠遊卡支付功能結合。

臺灣便利商店提供金融服務

1
ATM 提款機、轉帳及查詢

2
各項金融、信用卡及其他代收服務

3
icash 二代卡、一卡通及悠遊卡等小額儲值與支付功能，可在便利商店內使用

4
便利商店販售各式禮券

一、流通業整體營運發展趨勢

根據國內流通服務業專家陳弘元先生 (2007) 指出，目前全球流通服務業的六項發展趨勢為：

　　(一) 大型折扣店及便利商店漸成為主流。

　　(二) 實體通路不再是唯一選擇，O2O 虛實整合成長趨勢。

　　(三) 業態多樣化，商品多元化、差別化。

　　(四) 產業持續整合及跨業整合。

　　(五) 專業化、大型化成趨勢；各種專賣店及大型購物中心、Outlet 增加。

　　(六) 增加服務功能與品質，與餐飲結合愈來愈多。

因應六大趨勢，知識密集成為流通服務業發展重心。不同人口特徵與行為的消費族群，有他們各自追求的成本最低、效益最高消費模式，需求趨於多元化。

二、製造業與零售業情報共有

近幾年來的發展顯示，零售流通業與製造業已成為生命共同體。零售流通業生存得好，製造業才能把產品銷售出去，否則庫存一大堆。同樣的，製造業競爭力不夠強，不瞭解市場需求趨勢，對零售商也沒有好處，因此，彼此必須互助、互信、互賴而互榮。所以兩者有情報共有的需求，如下圖所示。

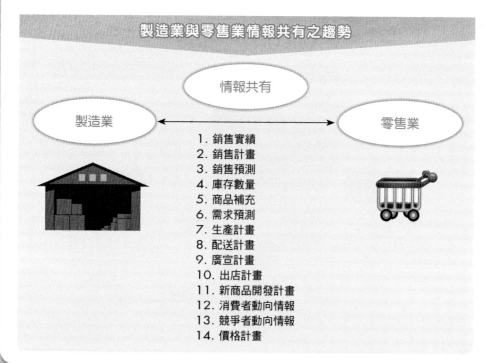

製造業與零售業情報共有之趨勢

情報共有

製造業 ←→ 零售業

1. 銷售實績
2. 銷售計畫
3. 銷售預測
4. 庫存數量
5. 商品補充
6. 需求預測
7. 生產計畫
8. 配送計畫
9. 廣宣計畫
10. 出店計畫
11. 新商品開發計畫
12. 消費者動向情報
13. 競爭者動向情報
14. 價格計畫

流通業發展趨勢

流通業整體營運發展趨勢

① 大型零售業結合餐飲、餐廳占比提升更加明顯

② O2O 線上與線下及虛實整合更加明顯

③ 專業化、連鎖化、大型化趨勢更加明顯

④ 跨業整合及跨業相互競爭與合作趨勢更加明顯

⑤ 業態多樣化、商品多元化及差異化

⑥ 折扣、平價、促銷是提升業績必要之行銷手段更加明顯

269

製造業與零售業情報共有趨勢

資訊情報共有

零售業（下游）

1. 每日銷售狀況及各種角度、項目之分析
2. 庫存及店內存貨狀況之分析
3. 消費者動向情報
4. 製造商動向情報

製造業（上游）

9-5 流通宅配日益成熟

　　流通業中，除了本書內容所說明的批發商、零售商、物流中心、金融相關機構、零售資訊科技相關機構，另外還有一個宅配業。

一、宅急便公司有顯著進步與成長

　　近 6、7 年來，臺灣有幾家大公司引進日本先進的宅急便或宅配運輸的專業經營與管理的 Know-How，有了顯著的成長與進步，已經跟上日本的水準。

二、代表性的宅急便公司

　　(一) 統一速達公司（黑貓宅急便，統一企業集團）。

　　(二) 臺灣宅配通公司（東元集團）。

　　(三) 新竹貨運公司。

　　(四) 嘉里大榮貨運公司。

三、宅急便公司成長的因素

　　(一) 近年來網路購物、電視購物、型錄購物及直銷購物等均快速成長，因此，帶動了以家庭及個人為主的宅急便業務成長。

　　(二) 實體通路業者也進入虛擬通路的網路購物，因此也有宅急便業務的需求。

　　(三) 消費者逐漸接受不外出逛街購物的消費型態，就某種程度而言，仍有些便利性，依賴家中的電腦、電視、型錄、DM 宣傳單等，即可完成購物需求。

　　(四) 在取貨地點選擇方面，可以到附近的便利商店取貨，由於國內便利商店高達 1 萬多家，密度高與普及性廣，因此，也非常便利。

　　(五) 宅急便公司多年努力革新經營、不斷改善缺失，使消費者滿意度不斷升高。

四、PChome 24 小時快速到貨成功案例（99.99% 24 小時到貨率）

　　網路購物只要專心一件事，「就是如何讓消費者最快拿到商品。」PChome 的祕密武器是 24 小時、三班制的臺式服務精神。

　　在臺灣超過 2,000 億規模的 B2C 網路購物市場，PChome 線上購物與博客來雙雄纏鬥。在金牌服務大賞評比中，兩者在滿意度、口碑等六大指標上，幾乎不相上下，但 PChome 靠著 24 小時到貨的服務效率，拉開了與第二名的距離。

　　「我們的 24 小時到貨率是 99.99%。」PChome 營運長說。PChome 所推出震撼業界的 24 小時到貨服務，至今仍無人能複製超越。

　　過去，「PChome 和 Yahoo 奇摩購物中心對打，一場混戰。」網路原生服飾品牌 lativ 創辦人張偉強觀察，PChome 當時只是以低價訴求的網購通路，直到效法 Amazon 建立物流倉儲系統、創新模式，「才真正令人可敬起來」。這種 24 小時、三班制的臺式服務精神，靠的就是執行力，外商公司很難與之競爭。

臺灣宅配業代表與成長因素

臺灣四家代表性的宅配運輸物流公司

① 統一速達
（黑貓宅急便）

② 新竹貨運
（簡稱竹運公司）

④ 臺灣宅配通公司
（東元集團）

③ 嘉里大榮運輸公司
（竹運關係企業）

臺灣宅急便、宅配公司快速成長原因

① 網路購物、行動購物、電視購物、電子商務等快速成長，帶動宅配需求

② 宅配運輸物流公司自己的快速服務與水準大幅提升

③ 宅男、宅女出現，增加宅配需求

④ 可在住家附近便利商店取貨，也增加宅配需求

PChome 每 1 秒就計算一次庫存量

「我們其實並沒有加快速度」，解析 PChome 的成功之道，是「拆解了供應鏈，減少物流時間的浪費」。

現在 PChome 上 80 萬種商品，每一個品項，都是每 1 秒就計算一次庫存量。

一、量販——變迷你，商品因地制宜

臺灣量販密度高，但對不少民眾而言距離還是太遠，加上熟齡社會到來，家樂福 2009 年開始嘗試社區小型量販店及超市型態的便利購分店。便利購商品因地制宜，例如：新北市中和景安店較小，以日用品及生鮮為主，加上關東煮、茶葉蛋、冰淇淋等超商型服務；臺北市天母中山北路店鄰近美國學校，進口商品及紅酒區是量販店規格，有外送、代客停車等服務。

消費者會因目的性選擇通路，量販便宜、坪數大、商品齊全，都會帶動業績。也因一次購足、客單價高，集點換購、滿千送百等促銷活動都好發揮。大潤發公關王亭鈞指出，量販店商品數是超商的四倍，還有停車場、美食街。

二、超市——重特色，烘焙生鮮各異

超市受量販與超商夾擊，著重發展特色，重視坪效及商品質感。

頂好轉向行銷「新鮮」，並向超商、量販取經，販售咖啡、烤地瓜、霜淇淋、組合餐、超過 100 家賣烘焙品；全聯強化生鮮，目標年產 1 億包安全蔬果；City'Super 超過 70% 為進口品，提供廚藝教室、食譜、海外產品直送，吸引高消費力客群。

三、超商——「轉大人」，大坪數留買氣

臺灣的連鎖超商數量破萬，在店家飽和、擴店放緩之際，超商轉型大店格，設座位、廁所，加蓋虛擬二樓。

7-11 的特色受到喜愛，最新特色店將門市結合 OPEN 將，店內放置主題商品並結合大頭貼機。全家三年前轉型 40 至 50 坪 NF 店型，目前超過半數約 1,470 間轉型成功，今年將再改造 500 間，使大店占比達 67%。未來將效法日本全家結合藥妝，也不排除引進大戶屋美食。萊爾富大店近五成，機器人店的機器人會在入口處打招呼。OK 的大店數較少，預計今年要再成長 100 間，面積、鮮食增加，比起既有業績可成長近三成。

超商店面受限，強化一樓店面商品、加蓋虛擬二樓，前者與超市競爭、後者媲美量販。7-11 表示，外食市場規模上兆，今年擴大鮮食蔬果結構較去年成長 67%。實體店面放不下的 3C、低溫商品，都可在 7net 訂購，規模不輸量販。

全家看準生鮮商機，去年導入原裝水果，開發商品的靈感來自市場缺口，如手搖茶發燒就推出翡翠檸檬茶。也靠與網路、手機 APP 購物平臺合作，擴張業績。

如同社區鄰居的超商，近年也積極扮演好鄰居角色，積極做募款等慈善事業。此外，老年化社會來臨，無障礙坡道、外送服務或生機商品都是未來主流。

（2014.6.2，聯合報）

零售通路轉型競爭

零售通路店型演化示意圖

（三）
超商

25坪以下→35坪以上

・貨架有限，從實體延伸至網購的虛擬二樓，販售3C、家電、低溫商品。
・大店格策略發展帶來座位經濟。

（二）
超市

100～300坪→100～500坪

・除了原有乾貨，新增生鮮蔬果及肉品。
・賣熟食，包括便當、烘焙品。

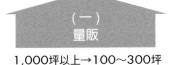

（一）
量販

1,000坪以上→100～300坪

・新賣場面積變小。
・位置深入社區，有別於設在偏遠地帶的原量販賣場。
・商品數量僅原量販的5分之1左右。

臺灣零售通路轉型，跨界競爭

 便利商店 ➡ 大型化，搶外食市場巨大商機

 超市 ➡ 連續化、加速展店密布街道巷弄社區，提升購物便利性

 量販店 ➡ 小型化，以利加速展店規模

 百貨公司 ➡ 美食化、餐廳化、藝文活動化、娛樂化、文創化、運動化

Date _____/_____/_____

第 10 章
物流與宅配公司
個案介紹

捷盟行銷公司的 e 化系統 Part I

一、為統一超商逾 5,900 家店 24 小時送貨——捷盟的物流系統

以 7-11 為例，全臺門市超過 5,000 家，並且 24 小時運作，如何能讓這個龐大的物流系統快速運作？捷盟的答案是「e 化系統」。

「物流業是時間的競賽，而資訊科技是競爭力的基礎工程。」捷盟行銷總經理許晉彬一語道出物流產業的成功方程式。

所謂的物流管理，一般而言包括配運、倉儲和表單管理：

(一) 配運管理是配送車輛、配送人員管理、配送食物、配送品質等事項。

(二) 倉儲管理包括進貨驗收、儲位管理、流通加工、揀貨、出貨、退貨等事項。

(三) 表單管理則是指接單、核單、批價管理、服務品質等處理。

二、捷盟系統供應鏈資訊共享系統——最具 e 化實力的廠商

由於電子商務技術日趨成熟，使用 e 化系統處理上述工作，能夠讓物流體系更快速、更準確，而且成本更低，因此，許晉彬總經理認為，e 化系統不只是增加競爭力的利器，而且是企業運作的「基本工程」。

於是，捷盟抱著建設「基本工程」的務實心態，長期為企業 e 化投注心力，於內部 ERP 系統、前端客戶資料整合，到上、下游供應鏈協同系統，捷盟堪稱是業界最具 e 化實力的廠商。

談起近幾年積極建置的「供應鏈資訊共享系統」，許晉彬總經理說，捷盟的目的是提供客戶更透明、更即時、更精確的行銷及營運資料。

已於 2004 年 4 月 1 日上線的「供應鏈資訊共享系統」，整合了 7-11 全省門市的銷售時點情報系統 (POS)，以及捷盟原有的內部物流系統，可提供上游供應商、旗下物流中心多元、即時、互動性高的資訊，而且讓彼此之間的溝通更加迅速。

舉例來說，24 小時電子訂單及資料交換功能，取代了過去的傳真下單，可避免人工作業的漏接或遺失。以前平均每位訂貨人員要面對約 100 家供應商，每天耗費大量時間與供應商接洽訂單，而現在每筆訂貨直接線上傳送，任何時間，訂貨人員都能藉由電腦系統，瞭解各家廠商訂單資料，平均 10 至 20 分鐘就可完成訂貨作業。

小博士的話

捷盟行銷股份有限公司 (Retail Support International) 成立於 1990 年，由統一集團與日本三菱集團合資成立，以架構「最 SMART 的物流」為目標，提供 Total Solution 的物流服務是捷盟服務客戶的理念，基於客戶同時有常、低溫物流的需求，捷盟從常溫物流跨入低溫領域，提供全方位物流服務。

277

供應商、物流與門市關係

上游供應商、捷盟物流及門市三者間關聯圖示

供應商 →	物流中心 →	門市客戶 →
進貨流程	捷盟	出貨流程

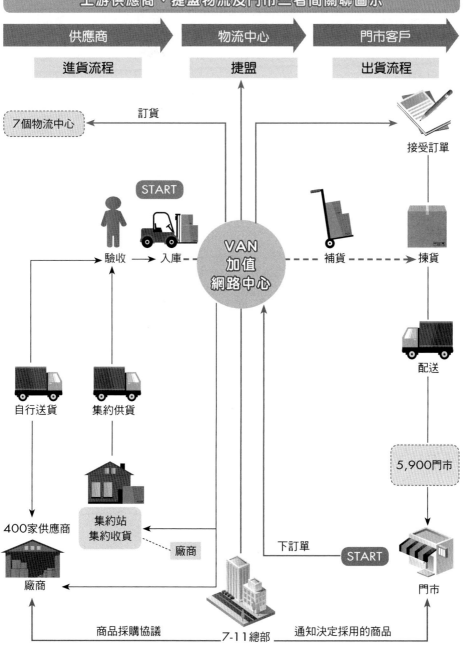

7個物流中心

訂貨

接受訂單

START

驗收 → 入庫 - - → VAN 加值網路中心 - - → 補貨 - - → 揀貨

配送

自行送貨

集約供貨

5,900門市

400家供應商

集約站 集約收貨

廠商

下訂單

START

門市

廠商

商品採購協議

7-11總部

通知決定採用的商品

10-2 捷盟行銷公司的 e 化系統 Part II

三、提供供應商即時消費者訊息

消費者訊息的掌握與分享，也是捷盟建置此系統的重要目的。許晉彬指出，7-11 的門市銷售時點情報系統 (POS)，每天掌握最新的消費者資訊，並且能夠從中分析消費者的購買行為、消費特性、區域分布及族群狀況等資料，如果可以把這些資料提供給上游廠商，上游業者更能控制生產數量與產品研發分析，提高行銷計畫的準確度。

例如：可口可樂公司只知道每個月賣出多少瓶，但無從得知哪個區域賣得比較好？哪種口味在哪個地方特別受歡迎？而捷盟就可以提供這些資訊，讓供應商藉以規劃下一波行銷策略，達成雙贏的效果。

四、提升作業品質——缺貨率與正確率

當然，「作業品質」的提高也是 e 化重要效益。總經理許晉彬說，「缺貨率」及「正確率」是衡量企業作業品質的重要指標，以 7-11 的要求來說，缺貨率必須小於 1%，而正確率必須優於百萬分之六十；也就是說，每 100 萬元的進出貨訂單中，發生錯誤的金額必須小於 60 元。面對如此嚴苛的品質要求，許晉彬總經理認為是合理且必要的，「因為產業競爭愈來愈激烈，如果不求進步，就會出局」，然而捷盟利用 e 化系統，已經順利達到 7-11 的要求品質。

五、提供門市訂貨建議

更進一步地，捷盟還提供 7-11 門市「訂貨建議」，店長們不僅不用一一點貨，系統還會將銷售資料與庫存做比對，並根據慣例，建議訂貨數量，然後門市再依個別狀況做修正。如此一來，捷盟可以儘早提供給供應商「建議採購量」，以提升供貨速度、降低庫存成本。

六、e 化的五個平臺及作業流程

目前，「供應鏈資訊共享系統」包括五個平臺：垂直入口網站、流通 e 化訊息服務平臺、金流加值服務平臺、內部流程改造 (BPR) 及整體資訊整合、商業智慧共享平臺 (BT) 等。其中「垂直入口網站」提供 e 化訂單處理及回應、e 化驗收、帳務、庫存、退貨、鮮度、銷售、供應商發票、帳款及年度寄倉作業等模組。

「流通 e 化訊息平臺」提供物流中心與供應商的互動窗口，包含最新動態訊息、公告訊息及回應、訂單新單／修單／刪單，以及退貨自動通知等功能。「金流加值服務平臺」則讓供應商在 web 上，查詢各項貨款／扣款資訊、線上開立發票或電子發票，甚至與銀行進行線上融資作業。目前，捷盟已完成大部分系統。

捷盟系統架構與e化作業

捷盟系統架構圖

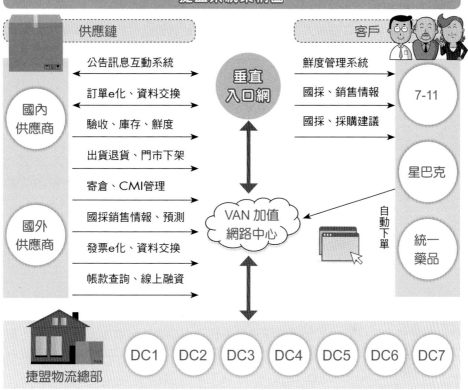

供應鏈

國內供應商

公告訊息互動系統

訂單e化、資料交換

驗收、庫存、鮮度

出貨退貨、門市下架

寄倉、CMI管理

國外供應商

國採銷售情報、預測

發票e化、資料交換

帳款查詢、線上融資

垂直入口網

VAN 加值網路中心

客戶

鮮度管理系統

國採、銷售情報

國採、採購建議

7-11

星巴克

統一藥品

自動下單

捷盟物流總部

DC1 DC2 DC3 DC4 DC5 DC6 DC7

捷盟e化作業品質要求

（一）
缺貨率

＋

（二）
正確率

· 小於 1%

· 優於百萬分之 60

七、物流流通六個目標——以捷盟行銷物流公司為例

(一) 資訊化

資訊化的努力可節省人力外，由於資料、單據均電子化，使作業邁向無紙化，減少人為錯誤的機會，並以電腦取代人工處理這些龐大而複雜的資料，可依此洞悉掌握上、下游的資訊情報，使物流中心能即時應變。

(二) 省力化

內部搬運作業在棧板化下，結合儲存貨架，引進專用之室內窄巷道堆高機、電動拖板車、搬運物流箱，以輸送帶配合活動式棧板，司機上貨、廠商進貨使用電動拖板車，以機械化的設備達到搬運省力化及效率化之目的。

(三) 簡單化

以顏色管理結合管制圖對揀貨錯誤進行控管；標示系統則以儲位卡與揀收貼紙獲得相當大的改善；暫存區規劃為指定區和借用區；出貨暫存區合流看板之使用，既簡單又容易瞭解，即使是新手也能駕輕就熟，大大提升了工作的替代性，使後勤的支援協助成為一件簡單的事。

(四) 標準化

在一連串的改革後，最重要的就是「標準化」，捷盟早在 1991 年就成立了「標準化推動委員會」。將所有可「一致化」的作業彙整編成「標準作業規範」，並在中壢物流中心內發起所有屬於中壢物流中心的每一分子，都要按照標準作業模式來執行。除了作業標準化外，物流中心內的設備、置具、棧板、鋼架、物流箱、籠車、堆高機等，均力求一致化，如此在教育訓練及維修保養體制上，都獲得重大之改善。

(五) 合理化

在改革中求進步，最大的原動力就是合理化，其目的就在精益求精。「凡事總有更好的方法」，這是工業工程的領域上，非常盛行的一句話，印證在捷盟蛻變的歷程上，再恰當不過。1992 年起，捷盟每年都推出提案改善，其目的是希望藉由內部同仁自發性的改善建議獲得更有效率，且更可行的方法。如此良性的循環，企業也才隨著不斷地長成、進步、革新。

(六) 自動化

在資訊化、機械化、合理化的過程中，捷盟所想要追求的最高境界是自動化，自 1990 年至 1993 年間，在以上的過程中，因條碼化使得盤點輸入自動化；電子訂單系統使接單自動化；電腦輔助揀貨系統使揀貨修改自動化，而未來更以構築電腦網路與無線電即時通訊系統，作為追求的目標。

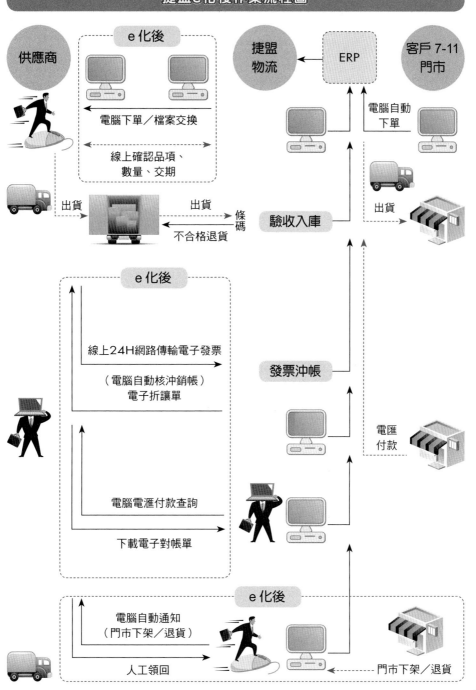

捷盟e化後作業流程圖

供應商

e化後

捷盟
物流

ERP

客戶 7-11
門市

電腦下單／檔案交換

線上確認品項、
數量、交期

電腦自動
下單

出貨

出貨

出貨

條
碼

不合格退貨

驗收入庫

e化後

線上24H網路傳輸電子發票

（電腦自動核沖銷帳）
電子折讓單

發票沖帳

電匯
付款

電腦電滙付款查詢

下載電子對帳單

e化後

電腦自動通知
（門市下架／退貨）

人工領回

門市下架／退貨

一、企業源起

大和運輸是在 1919 年於日本東京以四輛貨車草創，成立之初，以企業間貨運為主要營業範圍。到了 70 年代，一方面由於貨運行業競爭激烈，同時也注意到家庭及個人消費者配送市場的龐大潛力，因此決定將企業轉型，導入宅配的服務觀念，遂於 1976 年 2 月推出以「宅急便」為名稱的宅配服務——「一種全面提供個人包裹遞送的服務」，強調便利、快速以及任何地點均可配送到達的特性。

開始營業的第一天，僅僅收到 2 件包裹，然而在大和運輸 20 多年的努力耕耘下，以及「宅急便」本身特有的貼心便利優質服務，目前大和運輸每年負責配送的「宅急便」包裹是日本運輸業市場占有率第一名。

自營運以來，「宅急便」一直是大和運輸公司獨樹一幟的配送服務。在日本常可看到有黑貓標誌的「宅急便」集配車穿梭於道路之中，以及掛著「宅急便代收店」招牌的商店。「宅急便」已成為生活的一部分，人們的生活型態更因此改變。

現在，「宅急便」服務已屬於日本公眾服務事業的一環。為了提供與日本同步的高品質配送服務，讓臺灣的消費者能夠更輕鬆的享受生活，統一速達於 2000 年 10 月正式引進個人包裹的配送服務「宅急便」，希望讓臺灣的民眾都能感受到統一集團總裁高清愿先生所謂「人在家中坐，貨從店中來」的生活。

二、企業簡介

1999 年 10 月統一集團與日本大和運輸株式會社簽訂技術合作契約，正式將「宅急便」服務引進臺灣。2000 年 10 月 6 日，黑貓宅急便在臺正式營運。

黑貓宅急便一開始的服務範圍僅有桃園以北，第一天營運僅有 54 件包裹；而到了 2005 年，黑貓宅急便已經傳遞超過 5,000 萬個包裹，澎湖、小琉球、小金門等離島，也可以方便輕鬆的寄送黑貓宅急便，人和人有形的距離不再是問題，透過黑貓宅急便，為消費者提供便利的生活，成為人和人之間溝通的橋梁。

而黑貓宅急便親切有禮的 SD(Sale-Driver)，也成為黑貓宅急便的正字招牌，整齊劃一的制服，親切有禮的服務態度，帶領著運輸界「服務業」意識的抬頭；365 天全年無休的服務，只要有門牌的地方，黑貓宅急便都會去！

隨著商業型態的多元化，包裹的兩端除了商家和消費者之外，更多時候，是媽媽寄肉粽給在臺北唸書的兒女，做子女的寄補品給住在鄉下的老人家，以及節慶時的禮品往來。透過黑貓宅急便，不僅創造出新的「鮮食文化」，更逐漸改變消費者的生活型態。黑貓宅急便各項服務為消費者創造另一個新的消費平臺，為整個社會帶來生活方式的變革，傳遞感動與分享，聯繫包裹的兩端，黑貓宅急便秉持的「小心翼翼，有如親送」的信念，提供貼心的服務。

統一速達檔案簿

統一速達企業基本資料

公司名稱（中文名）	統一速達股份有限公司
公司名稱（英文名）	President Transnet Corp.
董事長	陳瑞堂
總經理	徐明輝
股權	統一企業20%、統一超商70%、大和運輸10%
資本額	14.7億元
成立日期	2000年1月24日
員工人數	8,614人
營業據點	237所
連鎖代收店	11,000個
集配車輛	2,178輛
總公司地址	115臺北市南港區重陽路200號4樓

統一集團引進日本大和運輸公司技術合作

統一企業

\+

日本大和運輸公司

・技術合作
・成立統一速達公司（黑貓宅急便）

三、企業經營理念

統一速達致力於構築配送至全國各家庭的運輸網，提供全國一致的優質服務，為消費者創造更便利、舒適的生活，以成為社會公共事業為目標，貢獻心力。

四、宅急便服務項目

（一）**機場宅急便**：無論是返鄉、出差、或旅遊，便利的機場宅急便服務，讓出境或入境臺灣的旅客不用再攜帶笨重的行李出門，可享受輕鬆無負擔的旅程。

（二）**經濟便利宅急便**：提供「裝到滿：均一價」的服務，至便利商店購買經濟宅急便專用袋即可裝到滿寄出，最適合從事網拍的人，寄貨輕鬆又方便。

（三）**常溫宅急便**：提供寄送常溫物品，如一般包裹、行李託運、送禮、飯店行李託運、喜餅、電腦主機、網拍、維修的宅配託運服務。

（四）**低溫宅急便**：低溫宅急便提供保鮮寄送低溫（冷凍、冷藏）物品的服務。

（五）**當日宅急便**：提供臺北市、新北市（貢寮、雙溪、烏來區福山等三地例外）、基隆市、桃園市（部分地區除外）四地互寄，上午 11 點前寄件，當日快速到貨。

（六）**國際宅急便**：提供個人或公司行號，將文件、物品由臺灣寄往日本、新加坡、香港、馬來西亞、上海各地之國際宅配服務，並提供國際包裹、國際文件線上查詢。可請黑貓宅急便服務人員到府取件或至全國營業所交寄國際包裹、國際文件，全國 7-11 服務據點，亦可交寄國際文件。

（七）**到府宅急便**：提供運費由收件人付款的方式，包裹送達時，黑貓宅急便人員向收件人收取運費。

五、未來展望

「黑貓宅急便」鎖定家庭及個人消費者，以提供專業、便利、親切的服務為職志，將顧客託寄的物品安全準確的送到收件人手中。目前有 7-11、康是美、OK 便利商店、新東陽、郭元益等，全臺超過 10,000 家門市為代收據點，未來更將全力整合各項相關資源，如：郵購、網路購物、各地名產配送、物流等，以及多元化開發各種「宅急便」業務，同時加強與其他通路合作，以形成更緊密的運輸服務網，並在機場、車站或是觀光景點設立服務站。

統一速達更致力於架構全臺綿密的服務運輸網，無論是市內、高山甚至離島，皆提供親切、便利、貼心的服務。面對未來，更將活用「宅急便」的基礎，創造新的流通管道與文化，期望帶動臺灣物流環境與品質的提升。

黑貓宅急便的服務與理念

統一黑貓宅急便的服務項目

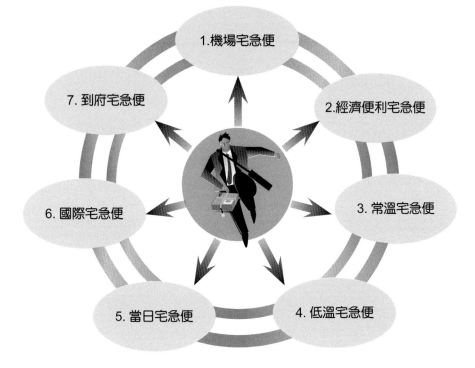

統一黑貓宅急便的五項理念

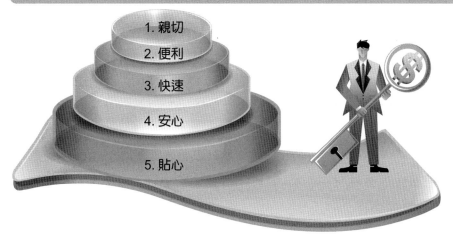

285

Date _____ / _____ / _____

附錄

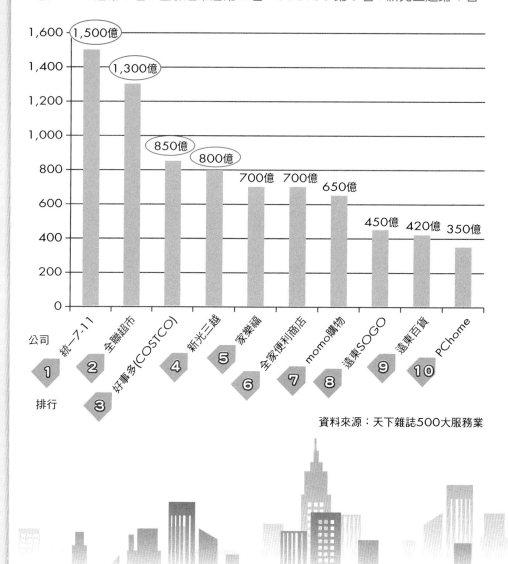

臺灣前10大零售業公司營業額排行榜(2020)

統一 7-11 居第 1 名；全聯超市居第 2 名；COSTCO 第 3 名；新光三越第 4 名

資料來源：天下雜誌500大服務業

統一7-11：本業近20年營收保持穩定成長紀錄

從 2002 年 720 億成長到 2020 年 1,500 億元；
總店數從 3,187 店，成長到 5,900 店。

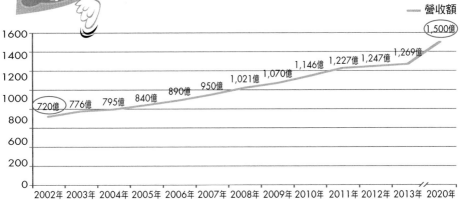

營收額

	1,500億
720億 776億 795億 840億 890億 950億 1,021億 1,070億 1,146億 1,227億 1,247億 1,269億	

2002年 2003年 2004年 2005年 2006年 2007年 2008年 2009年 2010年 2011年 2012年 2013年 2020年

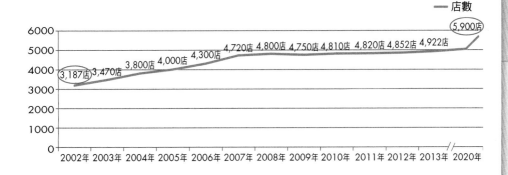

店數

3,187店 3,470店 3,800店 4,000店 4,300店 4,720店 4,800店 4,750店 4,810店 4,820店 4,852店 4,922店　5,900店

2002年 2003年 2004年 2005年 2006年 2007年 2008年 2009年 2010年 2011年 2012年 2013年 2020年

統一7-11

<table>
<tr><td>1</td><td>毛利率</td></tr>
<tr><td colspan="2">保持在 31% ～ 35% 之間</td></tr>
<tr><td>2</td><td>營業淨利率</td></tr>
<tr><td colspan="2">保持在 4% ～ 6% 之間</td></tr>
<tr><td>3</td><td>EPS</td></tr>
<tr><td colspan="2">從 2002 年的 3.3 元，成長到 2020 年的 8.7 元</td></tr>
<tr><td>4</td><td>市占率</td></tr>
<tr><td colspan="2">50%</td></tr>
</table>

統一7-11歷年營收保持成長的祕密

不斷推出改良式及創新式產品與服務

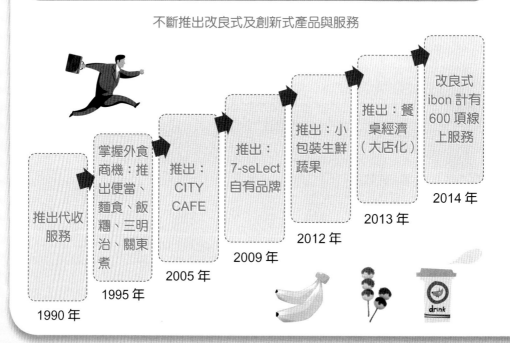

推出代收服務

1990 年

掌握外食商機：推出便當、麵食、飯糰、三明治、關東煮

1995 年

推出：CITY CAFE

2005 年

推出：7-seLect自有品牌

2009 年

推出：小包裝生鮮蔬果

2012 年

推出：餐桌經濟（大店化）

2013 年

改良式ibon計有600項線上服務

2014 年

統一 7-11
全國最大便當公司、咖啡公司及 ibon 列印購票服務公司

①
- 每年銷售 3 億杯咖啡
- 3 億杯 ×45 元＝135 億營收（每年獲利 13 億元）

＋

②
- 每年銷售 1 億個便當
- 1 億個 ×80 元＝80 億營收（每年獲利 6 億元）

＋

③
- ibon 每年 2 億次列印（每年獲利 2 億元）

④
- 200 項代收服務，每年 4 億筆（每年獲利 8 億元）

＋

⑤
- 每年 5,000 萬件電商取貨（每年獲利 2 億元）

統一 7-11 超越麥當勞及王品，成為外食產業龍頭

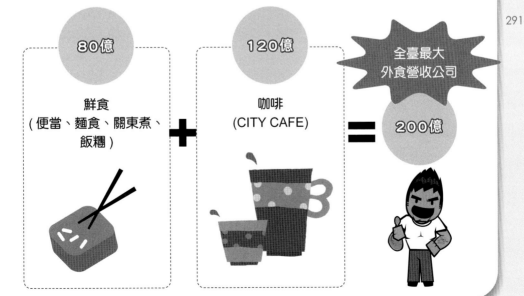

80億

鮮食
（便當、麵食、關東煮、飯糰）

＋

120億

咖啡
(CITY CAFE)

＝

全臺最大
外食營收公司

200億

異業合作，加速創新成長！

① 鮮食便當
代工工廠

＋

② ibon 機列印
（購票）

＋

③ 各項
代收服務

與 200 多家廠商
異業合作成功！

統一7-11：自有品牌，年營收突破100億

7-11
自有品牌

＋

iseLect
自有品牌

＝

年營收突破
100億元

300 多個品項

穿的衣服
飲料
零食
冷凍食品
生活日用品

創新：4金銷售傳奇

1.黑金	2.白金
賣咖啡	賣冰淇淋

3.綠金	4.黃金
賣新鮮蔬果	賣香蕉、玉米

統一7-11：每天有1,300萬人次，進入7-11店裡

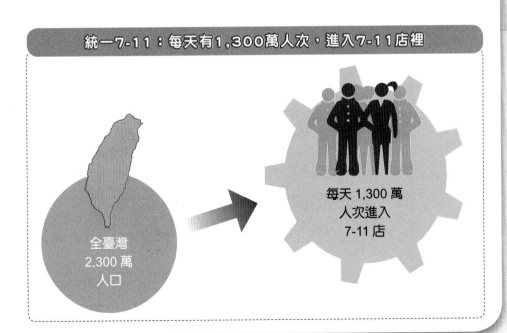

全臺灣 2,300 萬人口 → 每天 1,300 萬人次進入 7-11 店

統一7-11：CITY CAFE
2020年營收額邁入120億元俱樂部

CITY CAFE

2020 年
突破 120 億

百億元
俱樂部

統一7-11：每年賣出1億個便當及麵食，
創造80億營收，位居全國第一大便當公司

台式料理

New!

真飽香腸炒飯

採用日本專業炒飯機，高溫爆香手工快炒，
香氣十足！

熱量621大卡　　　60元

New!

雙醬烤雞鐵板麵

熱量590大卡　　　70元

New!

燒番麥雞排飯

熱量754大卡　　　70元

New!

沙茶牛肉炒麵

熱量615大卡　　　70元

葛城販售：全國(不含花東/離島)。

統一7-11：成功的行銷操作(之1)

代言人行銷操作成功！

CITY CAFE

Slogan：
整個城市都是我的咖啡館

7-seLect

Slogan：
平價時尚，正在流行

統一7-11：成功的行銷操作(之2)

集點送公仔行銷
操作成功！
拉升業績！

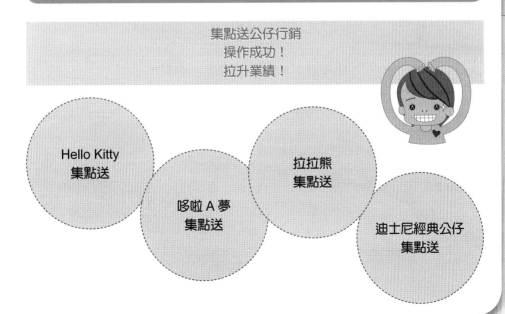

Hello Kitty
集點送

哆啦A夢
集點送

拉拉熊
集點送

迪士尼經典公仔
集點送

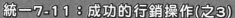

統一7-11：成功的行銷操作(之3)

每天促銷活動

結合外部商品供應鏈廠商，要求定期提供促銷活動與促銷成本負擔！

第2件
5折起！

買2件
8折算！

特價
優惠週
SALE!

大抽獎
活動！

統一7-11：成功的行銷操作(之4)

每年固定 1.5 億元媒體廣告預算

6大媒體

| 電視 | 報紙 | 網路／手機 | 雜誌 | 廣播 | 戶外 |

10 年來已投入 40 億元廣告預算，不斷提升品牌力

統一7-11：七大必勝基本功(基本要素)

①
人
（人才）

②
店
（店鋪設施）

③
商品
（商品力）

④
系統
(POS 資訊)
(IT 電腦連線)

7大必勝要素

⑦
物流
（每日二次
配送）

⑥
企業文化
（統一組織文化）

⑤
制度
(SOP 標準化
作業)

統一7-11：八大競爭優勢與成功核心能力

1.能夠快速因應
外部環境變化能力

8. 統一集團
資源整合綜效

2.不斷創新商品
與服務

7. 具吸睛的
行銷廣告操作

3. 已達規模經濟化
優勢條件

6. 強大商品
供應鏈管理

8大核心競爭力！

4. 建置強大
IT 系統平臺

5. 建立自主
物流配送體系

統一7-11：精準的企業定位

定位

滿足顧客最便利、最安心與
最歡樂的社區服務中心

統一7-11：組織戰鬥力著重在執行力

7-11：人的因素

強大的執行力

統一7-11：企業經營信念與顧客導向

經營信念

顧客導向

從商品到服務全方位
滿足顧客需求

統一7-11：因應時代變化的能力！變化就是商機

 變化就是商機！

+

 看到環境變化！

+

 因應變化的能力！

7-11 因應變化！

統一7-11：成功轉投資30家關係企業，創造本業外700億年營收額

COLD STONE 冰淇淋

康是美

統一面膜

黑貓宅急便

多拿滋甜甜圈

星巴克

統一時代百貨

博客來網購

愛金卡公司

統一7-11：集團合併總營收額：
2020年突破2,200億元，成為臺灣第一大零售集團！

1,500 億營收
(7-11：本業營收)

+

700 億營收
（轉投資營收）

=

2,200 億營收
（合併總營收）

統一7-11：前任徐重仁總經理的成功經營理念

成功理念1

企業應該不斷地向世界一流標竿企業學習，然後，不斷的反思、改進，做到更好！

成功理念2

要不斷融入顧客情境，服務業的精髓就是要瞭解顧客的需求，搶在顧客要求前，就提供服務，他將便利商店定位成社區中心，不是只有營利，更想著如何關心鄰居。

成功理念3

7-11 給消費者最大的改變就是，沒有 7-11 就不能活，家裡不用儲存太多東西，超商就是家裡的冰箱。顧客不用跑遠，繳停車費、買高鐵票在超商就可以做，在超商販售高鐵票，全世界 7-11 只有臺灣有。

統一 7-11：前任徐重仁總經理的成功經營理念

你要很用功！我的資訊都來自於國內外（含日本）大量的報導。我每天固定看日本財經商業臺 1 個小時節目，每週、每月看國內外財經企管雜誌至少 20 本以上！

企業要成功，最重要的「能力」，不是 Idea（天馬行空的想法），而是要「徹底執行」的能力！

創新，來自於發掘消費者內在的需求！也都有跡可尋！

融入顧客情境，探尋他們的內在需求，就是一種創新！

結論：我們從統一 7-11 身上，應該學到的十點重要觀念

① 加強持續產品創新，大賺每一波產品創新財

② 加強持續服務創新，大賺服務財

③ 加速全方位異業合作結盟

④ 全體員工必須高度因應環境變化，並且具備因應環境的能力才行

⑤ 全體員工應向國內外一流標竿企業學習

⑥ 營運單位須深入顧客內心，站在顧客情境設想

⑦ 全體員工必須做到堅決貫徹執行力

⑧ 行銷部門必須用心在臉書粉絲經營，養成好幾百萬忠誠粉絲顧客

⑨ 全體幹部必須全面趕上數位科技工具經營賺錢（例如：行動 APP）

⑩ 全體員工必須認真用心、每天吸收國內外市場資訊情報，才有創新成長的作法

借鏡學習統一超商新業務為何成功之組織運作模式

針對新業務拓展採取：指定專人、專責、授權負責

⬇

成立：Project Team（專案小組）
挑選：Team Leader（小組負責人）（不能兼其他工作）

⬇

| 1.
CITY CAFE 專案小組 | 2.
鮮食便當專案小組 | 3.
自創品牌專案小組 | 4.
ibon 專案小組 | 5.
icash 專案小組 | 6.
蔬果專案小組 | 7.
餐桌椅改造專案小組 | 8.
社群行銷專案小組 |

借鏡學習統一超商專案小組模式

① 任命一名中階或高階主管專心負責此項任務，以及底下若干協助成員

+

② 這個 Team Leader（小組負責人）不能再兼其他工作，專心（做好此事）

+

③ 此小組成員不受其他公司副總、總經理之干擾，也不受其指揮

結論：對全體員工的省思

沒有先行者，只有實踐者

趕快學習統一 7-11 的優點！才能在虛擬零售市場勝出，成為第一大

全體員工必須要有因應變化的能力

戴國良著作

廣告學：策略、經營與實例
定價：490元

經營策略企劃案撰寫：
理論與實務
定價：480元

一看就懂管理學：
全方位精華理論與實務知識
定價：450元

企劃案撰寫實務：理論與案例
定價：480元

通路管理：理論、實務與個案
定價：520元

人力資源管理：
理論、實務與個案
定價：490元

  五南文化事業機構
WU-NAN CULTURE ENTERPRISE

  五南財經異想世界

106臺北市和平東路二段339號4樓
Tel：02-27055066 轉824、889 林小姐

五南圖書商管財經系列

職場先修班　給即將畢業的你，做好出社會前的萬全準備！

3M51 面試學
定價：280元

3M70 薪水算什麼？機會才重要！
定價：250元

3M55 系統思考與問題解決
定價：250元

3M57 超實用財經常識
定價：200元

3M56 生活達人精算術
定價：180元

491A 破除低薪魔咒：職場新鮮人必知的50個祕密
定價：220元

職場必修班　職場上位大作戰！ 強化能力永遠不嫌晚！

3M47 祕書力：主管的全能幫手就是你
定價：350元

3M71 真想立刻去上班：悠遊職場16式
定價：280元

1O11 國際禮儀與海外見聞（附光碟）
定價：480元

3M68 圖解會計學精華
定價：350元

491A 破除低薪魔咒：職場新鮮人必知的50個祕密
定價：220元

1F0B 創新思考與企劃撰寫
定價：350元

五南文化事業機構
WU-NAN CULTURE ENTERPRISE
地址：106 臺北市和平東路二段 339 號 4 樓
電話：02-27055066 轉 824、889 業務助理 林小姐

f 五南財經異想世界

國家圖書館出版品預行編目資料

圖解流通業經營學／戴國良著. －－二版.
－－臺北市：書泉出版社，2021.11
　　面；　公分
ISBN 978-986-451-202-7（平裝）
1.物流業 2.物流管理
496.8　　　　　　　　　　　109017214

3M78

圖解流通業經營學

作　　　者－戴國良

發　行　人－楊榮川

總　經　理－楊士清

總　編　輯－楊秀麗

主　　　編－侯家嵐

責 任 編 輯－吳瑀芳

文 字 校 對－黃志誠、許宸瑞

封 面 完 稿－王麗娟

內 文 排 版－張淑貞

發　行　者－書泉出版社

地　　　址：106 台北市大安區和平東路二段 339 號 4 樓

電　　　話：(02)2705-5066

傳　　　真：(02)2706-6100

網　　　址：https://www.wunan.com.tw

電 子 郵 件：wunan@wunan.com.tw

劃 撥 帳 號：01303853

戶　　　名：書泉出版社

總　經　銷：貿騰發賣股份有限公司

地　　　址：23586 新北市中和區中正路 880 號 14 樓

電　　　話：(02)8227-5988

傳　　　真：(02)8227-5989

網　　　址：www.namode.com

法 律 顧 問　林勝安律師事務所　林勝安律師

出 版 日 期　2016 年 8 月初版一刷
　　　　　　　2021 年 11 月二版一刷

定　　　價　新臺幣 390 元

經典永恆・名著常在

五十週年的獻禮——經典名著文庫

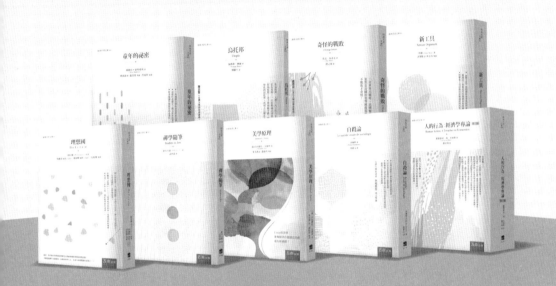

五南，五十年了，半個世紀，人生旅程的一大半，走過來了。

思索著，邁向百年的未來歷程，能為知識界、文化學術界作些什麼？

在速食文化的生態下，有什麼值得讓人雋永品味的？

歷代經典・當今名著，經過時間的洗禮，千錘百鍊，流傳至今，光芒耀人；

不僅使我們能領悟前人的智慧，同時也增深加廣我們思考的深度與視野。

我們決心投入巨資，有計畫的系統梳選，成立「經典名著文庫」，

希望收入古今中外思想性的、充滿睿智與獨見的經典、名著。

這是一項理想性的、永續性的巨大出版工程。

不在意讀者的眾寡，只考慮它的學術價值，力求完整展現先哲思想的軌跡；

為知識界開啟一片智慧之窗，營造一座百花綻放的世界文明公園，

任君遨遊、取菁吸蜜、嘉惠學子！